物質・材料テキストシリーズ　　藤原毅夫・藤森　淳・勝藤拓郎 監修

磁性体の電気磁気相関
対称性とトポロジーの効果を中心に

小野瀬　佳文　著

内田老鶴圃

本書の全部あるいは一部を断わりなく転載または
複写(コピー)することは，著作権および出版権の
侵害となる場合がありますのでご注意下さい.

物質・材料テキストシリーズ発刊にあたり

　現代の科学技術の著しい進歩は，これまでに蓄積された知識や技術が次の世代に引き継がれて発展していくことの上に成り立っている．また，若い世代が先達の知識や技術を真剣に学ぶ過程で，好奇心・探求心が刺激され新しい発想が芽生えることが科学技術をさらに発展させてきた．蓄積された知識や技術の継承は世代間に限らない．現代の分化し専門化した様々な学問分野は常に再編や融合を模索しており，複数の既存分野の境界領域に多くの新しい発見や新技術が生まれる原動力となっている．このような状況においては，若い世代に限らず第一線で活躍する研究者・技術者も，周辺分野の知識と技術を学ぶ必要性が頻繁に生じてくる．とくに，科学技術を基礎から支える物質科学，材料科学は，物理学，化学，工学，さらには生命科学にわたる広範な学問分野にまたがっているため，幅広い知識と視野が必要とされ，基礎的な知識の十分な理解が必須となってきている．

　以上を背景に企画された本テキストシリーズは，物質科学，材料科学の研究を始める大学院学生，新しい研究分野に飛び込もうとする若手研究者，周辺分野に研究領域を広げようとする第一線の研究者・技術者が必要とする質の高い日本語のテキストを作ることを目的としている．科学技術の分野は国際化が進んでおり学術論文は大部分が英語で書かれているので，教科書・入門書も英語化が時代の流れであると考えがちである．しかし，母国語の優れた教科書はその国の科学技術水準を反映したもので，その国の将来の発展のポテンシャルを示すものでもある．大学院生や他分野の研究者の入門を目的とした優れた日本語のテキストは，我が国の科学技術の水準，ひいては文化水準を押し上げる役目を果たすと考える．

　本シリーズがカバーする主題は，将来の実用材料として期待されている様々な物質，興味深い構造や物性を示す物質・材料に加えて，物質・材料研究に欠かせない様々な測定・解析手法，理論解析法に及んでいる．執筆はそれぞれの分野において活躍されている第一人者にお願いし，「研究室に入ってきた学生

ii 物質・材料テキストシリーズ発刊にあたり

に最初に読ませたい本」を目指してご執筆いただいている．本シリーズが，学生，若手研究者，第一線の研究者・技術者が新しい分野を基礎から系統的に学ぶことの助けとなり，我が国の科学技術の発展に少しでも貢献できれば幸いである．

監修　　藤原毅夫　　藤森　淳　　勝藤拓郎

はじめに

　本書は，対称性の破れやトポロジーといったメカニズムにより磁性体中の電気と磁気が非自明に結びつく現象を解説することを目的としている．もともと磁性体中の電流や誘電分極などの「電気」と磁気モーメントによる「磁気」は磁気弾性結合などによる弱い結合があるが，対称性の破れやトポロジーにより，例えば，磁化の符号の正負で輸送現象や誘電分極が変化するといった，より直接的な相関が生じる．さらに非相反応答と呼ばれる非自明な応答も電気磁気の相関から生じることとなる．本書では，磁性体中でどのようにトポロジーが働き磁気輸送現象が現れるか，もしくは，対称性の破れがどのように非自明な電磁応答を導くかを解説する．

　磁性体の物性物理研究では，1986 年の銅酸化物高温超伝導体の発見を契機として，電子同士の強い相関による非自明な電子状態の研究が，多く行われてきた．2000 年代になってから，むしろ磁性体のよく定義された状態における対称性の破れやトポロジーを利用した新現象の研究が非常に活発に行われるようになった．本書の内容は，このような磁性体研究の新しい潮流に対応したものである．著者も，このような研究を精力的に行ってきた．本書により，著者のようなこの分野の研究者の肌感覚を学生や若い研究者に理解してもらいたいと思っている．そのため，必要な理論的知識を述べるだけでなく，著者の研究で扱った物質を中心に実例を可能な限り盛り込んだ．

　本書では，単一の磁性体における現象を中心テーマとして設定している．例えば，非磁性の半導体などにおけるトポロジカル効果の研究も，トポロジカル絶縁体などとの関連で活発であるが，それらについての記述は最小限のものになっている．また，スピントロニクス分野で研究されているような異種物質の接合を用いた内容はあまり記述していない．もちろん，このような単一の磁性体の研究は長い伝統があるが，トポロジーや対称性の破れといった新機軸によって多彩な現象が見出されてきたことを読者に少しでも感じてもらえれば幸いである．

　本書の基礎となっているのは，著者の指導教官の十倉好紀先生や十倉研究室，プロジェクト所属の方々，関係の先生から若い頃に受けた薫陶である．また，新居陽一氏をはじめとした小野瀬研究室のメンバーや共同研究者の方々との議論も本書の執筆に重要であった．本書の執筆の際に，監修者の藤原毅夫先生，藤森淳先生，勝藤拓郎先生

iii

iv はじめに

には丁寧に査読していただき，内田老鶴圃の内田学氏には頻繁に激励していただいた．
また，堀田知佐先生，野村健太郎先生には疑問点に関する質問に答えていただいた．
合わせて深く感謝申し上げる．

2024 年 8 月

小野瀬 佳文

目　　次

物質・材料テキストシリーズ発刊にあたり i

はじめに iii

第 1 章　基礎知識：物質中の電磁気学および結晶・磁気対称性　　　1

1.1　磁性体中の電気と磁気 1

1.2　物質中の電磁気学 3

1.3　物質の対称性 7

第 2 章　局在磁性　　　17

2.1　磁気モーメント 17

　　2.1.1　原子軌道 17

　　2.1.2　遷移金属における d 軌道 20

2.2　強磁性相互作用と反強磁性相互作用 26

　　2.2.1　ポテンシャル交換相互作用 26

　　2.2.2　運動交換相互作用 28

2.3　ジャロシンスキー‐守谷相互作用 29

2.4　二種類のらせん磁性 33

第 3 章　磁性誘電体中の電気磁気相関　　　37

3.1　時間反転操作と磁気点群 37

3.2　時間反転・空間反転対称性の破れと電気磁気効果 40

3.3　逆ジャロシンスキー‐守谷相互作用による磁気誘起強誘電性 42

v

vi 目　次

3.4　その他の磁気誘起強誘電機構：交換歪機構とスピン依存混成機構 45

　　3.4.1　交換歪 45

　　3.4.2　スピン依存混成機構 47

第4章　遍歴電子と遍歴磁性　　53

4.1　結晶中のブロッホ波とバンド構造 53

4.2　バンド電子波束の運動方程式 54

4.3　ボルツマン輸送方程式 59

4.4　ストーナーモデルによる遍歴強磁性 68

4.5　RKKY 相互作用と二重交換相互作用 70

　　4.5.1　RKKY 相互作用 70

　　4.5.2　二重交換相互作用とマンガン酸化物の超巨大磁気抵抗効果 74

第5章　磁気輸送現象とトポロジカル効果　　77

5.1　トポロジカル磁気構造スキルミオン格子 77

5.2　トポロジカル磁気超構造におけるホール効果 79

5.3　運動量空間のトポロジカル磁気構造によるホール効果 86

5.4　強磁性体における異常ホール効果 91

5.5　スピンホール効果，量子異常ホール効果，トポロジカル絶縁体 96

第6章　マグノン励起とトポロジカル効果・非相反性　　101

6.1　強磁性体のマグノン励起 101

6.2　マグノン励起におけるトポロジカル効果・対称性の破れの効果 106

6.3　反強磁性のマグノン励起 114

6.4　反強磁性マグノンモードにおける動的電気磁気効果による
　　電磁波の非相反性 123

目　次　vii

6.5　様々な非相反応答 127

第 7 章　電流誘起磁気トルクと磁気誘起起電力　　135

7.1　スピン移行トルク 135

7.2　スピン起電力 140

7.3　空間反転対称性が破れた物質におけるスピン角運動量ロッキング 144

7.4　エデルシュタイン効果とスピン軌道トルク 146

関連図書 149

索　引 153

第 1 章
基礎知識：物質中の電磁気学および結晶・磁気対称性

1.1 磁性体中の電気と磁気

　本書で紹介する現象は，多くの場合，磁性体中の電気と磁気の結びつきによって生じている．物質を原子レベルで見れば，図 1.1 のように正に帯電した原子核の周りを負に帯電した電子が回っており，電気はこれらの電荷が源となる．一方，磁気は電子の自転に対応するスピン角運動量や原子核周りの公転に対応する軌道角運動量が磁気の源になっている．

　原子は規則的に整列して結晶を組んでおり，結晶の形は，例えば図 1.2 のように，塩化ナトリウム型構造やダイヤモンド構造，ウルツ鉱型構造など様々なものがある．絶縁体中では，電場によってイオンや電子雲の位置が移動し，誘電分極が誘起される誘電応答が観測される．金属や半導体であれば，電場を印加することにより電流が流れる電気伝導がある．これらが磁性体であれば，多くの場合低温で磁気モーメントが秩序化を起こす．図 1.2 のように，磁気モーメントがすべてそろった強磁性の場合だけでなく隣り合う磁気モーメントが反平行の反強磁性磁気構造やらせん状に整列するらせん磁気構造など様々なものがある．

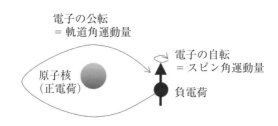

図 1.1　原子における電気と磁気．

　誘電応答や電気伝導といった電気的応答と磁性や磁気秩序の相関がほとんど見られない物質も多い．これらの相関が見られる物質でも，磁気モーメントの秩序・無秩

2　第1章　基礎知識：物質中の電磁気学および結晶・磁気対称性

結晶構造の例

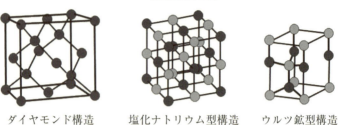

ダイヤモンド構造　　塩化ナトリウム型構造　　ウルツ鉱型構造

磁気構造の例

強磁性　　　　　反強磁性　　　　らせん磁性

図 1.2　結晶構造と磁気構造の例.

序の転移に伴う電子の散乱確率の変化や，磁気秩序に伴う体積変化による誘電応答の変化など，比較的自明な形で観測される場合が多数を占める．しかしながら，結晶構造や磁気構造の「かたち」，より専門的に言えば対称性やトポロジーがうまく働くと，通常には起こり得ない非自明な電気と磁気の相関現象が観測される．本書では，そのような非自明な現象を，磁性誘電体，磁気輸送現象，磁気励起などの項目に分けて紹介していく．

　第1章では前提となる基礎知識として，物質中の電磁気学と対称性について述べる．第2章で局在磁性の基礎を説明した後に，第3章ではマルチフェロイクスと呼ばれる，磁性誘電体中の電気磁気相関について説明する．第4章で金属系での電気伝導と磁性の基礎を説明し，第5章ではホール効果を中心とした磁性体中のトポロジカルな輸送現象について解説する．その後，第6章では磁気励起における対称性の破れやトポロジーなどの影響について解説し，第7章では電流誘起磁気トルクについて述べる．

1.2 物質中の電磁気学

この節では，本書の理解に必要な物質中の電磁気学の基礎について述べる．より高度な内容は，砂川[1]，中山[2] などを参照してほしい．

真空中に荷電粒子が存在する場合には，二つの場，電場 E と磁束密度 B によって電磁気が記述される．これらは以下のような**マクスウェルの方程式**に従う．

$$\nabla \cdot E = \frac{\rho}{\epsilon_0} \tag{1.1}$$

$$\nabla \times E = -\frac{\partial B}{\partial t} \tag{1.2}$$

$$\nabla \cdot B = 0 \tag{1.3}$$

$$\nabla \times B = \mu_0 j + \epsilon_0 \mu_0 \frac{\partial E}{\partial t} \tag{1.4}$$

ここで，ϵ_0，μ_0，ρ，j は，真空誘電率，真空透磁率，電荷密度，電流密度を表している．また，電荷密度と電流密度の間には電荷の連続の式

$$\frac{\partial \rho}{\partial t} + \nabla \cdot j = 0 \tag{1.5}$$

が成り立ち，電荷 q を持ち，速度 v で運動する荷電粒子は，電磁場中では

$$F = q(E + v \times B) \tag{1.6}$$

の力(ローレンツ力)を受ける．

以上が真空中における電磁気学の基本法則になるが，これを数多くの物質中の電子や原子核を一つ一つの荷電粒子ととらえて真空中の電磁気学を適用することは現実的でない．物質中の電磁気学では体積当たりの電気双極子や磁気双極子を電気分極，磁化と言う量で表すことにより，個々の荷電粒子を粗視化した近似法則を用いる．

静電エネルギーのため，外場が与えられない状態で正や負の電荷がマクロに存在することはないので，電流が流れない絶縁体の場合，物質の電気的な性質を決めるのは電気双極子である．物質中における電気双極子は，電子雲の変形，偏りやイオンの位置の非対称性などによって誘起される．例えば，図 1.2 に示したウルツ鉱型構造における二種類の原子が正イオンと負イオンであれば電気双極子がマクロに存在する構造

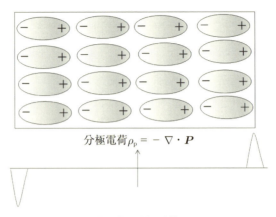

図 1.3 分極電荷.

となる.また,正負のイオンが対称に互い違いに並ぶ塩化ナトリウムなどにおいても,電場下ではイオンが電荷の符号に依存して移動し有限の電気双極子が発生する.これらの電気双極子の密度を**電気分極** P と呼ぶ.図 1.3 のように一様な電気分極を持つ物質の内部は,正電荷と負電荷は必ず隣り合っており電場が誘起されることはないが,物質の右の端では正電荷が左の端では負の電荷が表面に出ており,これらが電場の源となる.このような,分極の空間的変化によって生じる実効的な電荷は**分極電荷**と呼ばれ,$\rho_p(r) = -\nabla \cdot P$ と表される.したがって分極 P が有限の絶縁体である誘電体では,電場の発散は双極子モーメントによる分極電荷と真電荷 ρ_t の密度の和に比例するので

$$\nabla \cdot E = \frac{\rho_p + \rho_t}{\epsilon_0} \tag{1.7}$$

これより

$$\nabla \cdot (\epsilon_0 E + P) = \nabla \cdot D = \rho_t \tag{1.8}$$

が成り立つ.ここで,$D = \epsilon_0 E + P$ は電束密度である.

一方で,物質中の磁気的な応答は,磁気(双極子)モーメントの密度である磁化 M による.この磁気モーメントは,$m = \frac{1}{2} \int r \times j d^3 r$ のように円環電流によって定義されるが,物質中においては,電子スピンや軌道角運動量などが磁気モーメントとなる.例えば,原子の周りを電荷 e を持つ電子が速度 v で回り,軌道角運動量 L を持

つ場合，磁気モーメントは

$$\bm{m} = \frac{1}{2}\bm{r} \times e\bm{v} = \frac{e}{2m}(\bm{r} \times (m\bm{v})) = \frac{e}{2m}\bm{L} \tag{1.9}$$

となる．このような磁気モーメントが一様に分布していて，磁化 $\bm{M}$ が一定の物質の内部では，図 1.4 のように，磁気モーメントの円環電流が隣りの円環電流と打ち消し合うので，磁場に寄与しない．しかし，試料の端ではそのような打ち消し合いは起こらないので，電流の寄与が残る．このような電流を**磁化電流**と呼ぶ．一般に，磁化の空間変化が有限になれば，磁化電流 $\bm{j}_M = \nabla \times \bm{M}$ が発生する．

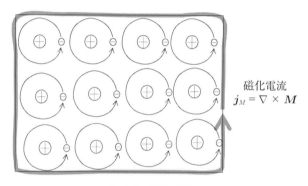

図 1.4　磁化電流．

磁化電流の寄与を静磁場のマクスウェル方程式 $\nabla \times \bm{B} = \mu_0 \bm{j}$ に加えると

$$\nabla \times \bm{B} = \mu_0 \bm{j} + \mu_0 \nabla \times \bm{M} \tag{1.10}$$

ここで

$$\bm{H} \equiv \frac{\bm{B}}{\mu_0} - \bm{M} \tag{1.11}$$

で磁場 $\bm{H}$ を定義すると

$$\nabla \times \bm{H} = \bm{j} \tag{1.12}$$

となる．

分極電荷と磁化電流の効果を取り入れた，物質中におけるマクスウェル方程式は

6 第1章 基礎知識：物質中の電磁気学および結晶・磁気対称性

$$\nabla \cdot \boldsymbol{D} = \rho \tag{1.13}$$

$$\nabla \times \boldsymbol{E} = -\frac{\partial \boldsymbol{B}}{\partial t} \tag{1.14}$$

$$\nabla \cdot \boldsymbol{B} = 0 \tag{1.15}$$

$$\nabla \times \boldsymbol{H} = \boldsymbol{j} + \frac{\partial \boldsymbol{D}}{\partial t} \tag{1.16}$$

となる．式 (1.16) では，$\epsilon_0 \frac{\partial \boldsymbol{E}}{\partial t}$ を $\frac{\partial \boldsymbol{D}}{\partial t}$ に置き換えている．この項は，**マクスウェルの変位電流**と呼ばれており，例えば，コンデンサーに流れる実効的な電流を表している．コンデンサーに溜まる電荷は，誘電体等が間に挟まっている場合には，$\epsilon_0 \boldsymbol{E}$ ではなく $\boldsymbol{D}$ に比例するので，物質中では上記の置き換えが必要である．

　上記の議論においては，電気分極や磁化が外場でどのように変化するかは述べなかった．しばしば用いられるのは

$$\boldsymbol{D} = \epsilon \boldsymbol{E} \tag{1.17}$$

$$\boldsymbol{B} = \mu \boldsymbol{H} \tag{1.18}$$

といった比例関係を仮定することである．ここで，ϵ, μ は誘電率，透磁率と呼ばれるもので，一般には 2 階のテンソル量になる．このような比例関係は，多くの場合に成り立つことも事実であるが，基本法則から導かれるものではなくある種の経験則と言ってよい．

　ある特殊な場合には

$$\boldsymbol{D} = \alpha \boldsymbol{H} \tag{1.19}$$

$$\boldsymbol{B} = \alpha' \boldsymbol{E} \tag{1.20}$$

のように，$\boldsymbol{D}$ が $\boldsymbol{H}$ に比例して $\boldsymbol{B}$ が $\boldsymbol{E}$ に比例することもあり得る．このように，電場によって磁化や磁気構造がどのように応答し，磁場によって電気分極がそのように応答する電場磁場の関係が交差した応答がどのような場合に現れるのかと言うことが，本書のメインテーマの一つであり，磁性誘電体を舞台として磁性起源の強誘電性がどのように現れるかということを第 3 章で述べる．電気分極という概念が有効に働くのは，伝導電荷がない絶縁体の場合のみである．金属では電流がない状態では内部電場がゼロになるし，一定電流が流れている場合においてもそれほど大きな電場がかからない．したがって，金属においては電流 $\boldsymbol{j}$ と磁気構造との相関が問題になる．本書で

は，磁気構造のトポロジーによって，電気伝導においてどのように非自明な効果が現れるかを述べる(第5章)．また，電流による磁気構造に与えられるトルクについても述べる(第7章)．

1.3 物質の対称性

この節では，本書の理解に必要な物質の対称性に関する知識，特に点群とテンソルの関係について述べる．より詳細な内容に関しては，今野[3]，犬井，田辺と小野寺[4]などを参照してほしい．

結晶中の物性を考える上で，物質の対称性を用いた議論は有効に働く．このことを見るために，図 1.5 のように，三角格子における二つの二次元座標系について考えてみよう．二次元の三角格子は，120 度回転しても重なるような結晶構造であり，座標系 1 のように設定しても座標系 2 のように設定しても，物理現象としては同じであるはずであり，ハミルトニアンや他の物理現象を表す式などがすべて同じものであるはずである．これが三角格子における対称性の要請になる．系のすべての対称性を尽くせば，ハミルトニアンなどの形が決まり物性予測などに有用である．したがって，対象となる物質がある場合にはその対称性を特定し，それによる要請を明らかにしておくことが重要になる．

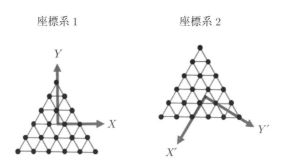

図 1.5　三角格子における二つの等価な座標系．

対称性は，作用させても系が不変であるような操作(対称操作)によって特徴づけられる．例えば，図 1.5 の三角格子の例で言えば，座標系 1 と座標系 2 は 120 度回転によって結びついているので，120 度回転が対称操作と言うことになる．一般に，$360/n$

8　第1章　基礎知識：物質中の電磁気学および結晶・磁気対称性

度回転で結晶が不変な場合には n 回回転対称であると言う．結晶の並進対称性と両立する回転対称性は，2, 3, 4, 6 回回転対称性であることが知られている．回転のほかにも，座標 (x, y, z) を $(-x, -y, -z)$ にする**反転**や，鏡映像へと変換する**鏡映操作**もある．例えば，(001) 面の鏡映であれば，$(x, y, z) \to (x, y, -z)$ となる．さらに，回転と反転の組み合わせである**回反**，回転と鏡映の組み合わせである**回映**がある．結晶の周期対称性を考慮すると，並進操作や並進と回転を組み合わせた**らせん操作**，並進と鏡映を組み合わせた**映進**がある．ある結晶が与えられたときの対称操作に**恒等操作**を加えると数学で言うところの群をなす．並進操作を除いた対称操作で構成される群を**点群**，これらを含めると**空間群**と呼ばれる．らせんや映進の対称性がある場合には，点群においては並進を無視しているので，回転や鏡映があるものとみなされる．ある現象が現れるか否かなど，巨視的で定性的な物性は点群によって支配されるので，ここでは点群を中心に必要最小限のことについて述べることにする．

結晶の対称性の具体的な例として，**図 1.6** に示した $Ba_2XGe_2O_7(X=Mn, Co)$ の結晶構造を見てみよう．この結晶構造は，頂点共有した XO_4 四面体と，GeO_4 四面体が二次元的なネットワークを作ってその空隙に Ba イオンが占めている．この構造が位置をずらさずに，そのまま [001] 方向に積み重なっている結晶構造である．この結晶構造は，どのような点群の対称性を持つか考えてみよう．この結晶構造では，X イオンから面直に伸びた軸周りで 4 回回反 (90 度回転と空間反転) 対称性があり，面直

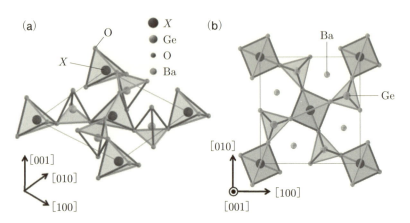

図 1.6　$Ba_2XGe_2O_7(X=Mn, Co)$ の結晶構造の (a) 立体図と (b) 上面図 (Murakawa ら[5])．XO_4 四面体と GeO_4 四面体の頂点共有のネットワークからなる．

軸を含み GeO_4 四面体を垂直に等分する面で鏡映対称性がある．さらに，この結晶構造では少しわかりにくいが，[100] 軸もしくは [010] 軸に平行な 2_1 のらせん軸（180度回転と単位格子の 1/2 だけ軸方向に並進）もある．結晶構造を点群で分類するときには，平行移動のことは考慮に入れないので，2_1 のらせん軸は2回回転対称性があるものとみなそう．また，回転軸や鏡映面の位置を平行移動しても，結晶の平行移動を考慮しなければ対称操作としてみなせるので，回転軸や鏡映面の向きは重要だが，点群の意味では位置は考慮する必要がない．したがって，この結晶構造の点群の対称要素は，z 軸方向の ± 4 回回反および2回回転，(110) 面の鏡映，($1\bar{1}0$) 面の鏡映，[010] 軸周りと [100] 軸周りの2回回転が（平行移動を除いて）結晶構造を不変に保つ対称操作となる，と整理される．これに（何もしないという）恒等操作を加えれば，群を形成することができる．この $Ba_2XGe_2O_7$ の結晶構造の点群は，**国際表記**と呼ばれる記法においては，4回回反（$\bar{4}$ と表記される），2回回転（2と表記），鏡映（m と表記）をもとにした点群であることから $\bar{4}2m$ と呼ばれるものである．結晶構造における並進対称性と共存可能な結晶点群は，**表 1.1** のような 32 個のものがあることが知られている．ここでは $\bar{4}2m$ の場合と同様に回転対称性や鏡映対称性を基にした呼称となっている．例えば，$4/m$ といった表記は4回回転軸があり，それと垂直に鏡映面があることを表している．詳細は文献を見ていただきたい（今野[3]，犬井，田辺と小野寺[4]）．

表 1.1 32 の結晶点群.

立方晶	$23, m3, 432, \bar{4}3m, m3m$
正方晶	$4, \bar{4}, 4/m, 422, 4mm, \bar{4}2m, 4/mmm$
六方晶	$6, \bar{6}, 6/m, 622, 6mm, \bar{6}m2, 6/mmm$
三方晶	$3, \bar{3}, 32, 3m, \bar{3}m$
直方晶	$222, mm2, mmm$
単斜晶	$2, m, 2/m$
三斜晶	$1, \bar{1}$

　このような結晶構造の点群による分類のメリットの一つは，対称性から導かれる既知の関係が整理されており，それを利用することができることである．特にここでは，外場と応答の関係を結ぶ物性テンソルの概形が点群によって決まることを説明しよう．例えば，電気伝導は電場ベクトルに電気伝導度テンソルをかけると電流密度ベクトルが導かれる関係式 $\boldsymbol{j} = \sigma\boldsymbol{E}$ で表される．このとき物質の伝導特性を決めるのは，電気

10 第1章 基礎知識：物質中の電磁気学および結晶・磁気対称性

伝導度テンソルになる．このように，物質への作用を表すテンソル量（上記の関係では E に対応）と応答を表すテンソル量（j に対応）を結ぶ，電気伝導度テンソルのようなテンソル量を**物性テンソル**と呼ぶ．ノイマンの原理と呼ばれる対称性の規則によれば，**物性テンソルは結晶の持つ点群の対称性を持たなくてはならない**と言うことが要請される．

このことを具体的に見るために，まずテンソルが対称操作によってどのように変換するか復習しよう．座標の基本ベクトル e_i $(i = 1, 2, 3)$ が回転によって

$$e'_j = \sum a_{ji} e_i \tag{1.21}$$

のような変換を受ける場合，ベクトル T_i は

$$T'_j = \sum a_{ji} T_i \tag{1.22}$$

のような変換を受ける．同様に，二階テンソル T_{ij}，三階テンソル T_{ijk}，四階テンソル T_{ijkl} は

$$T'_{kl} = \sum a_{ki} a_{lj} T_{ij} \tag{1.23}$$

$$T'_{lmn} = \sum a_{li} a_{mj} a_{nk} T_{ijk} \tag{1.24}$$

$$T'_{mnop} = \sum a_{mi} a_{nj} a_{ok} a_{pl} T_{ijkl} \tag{1.25}$$

のようになる．

座標系の反転や鏡映などの変換の場合は注意が必要である．例えば，座標系の反転に対して位置ベクトル，運動量ベクトルは $r \to -r$，$p \to -p$ のように変換を受けるが，角運動量ベクトルは $l = r \times p \to l$ となる．このことは直感的には，角運動量ベクトルなどでは，**図 1.7** のように矢印のようなベクトルではなく，その周りを回る円運動を実体ととらえて考えるとわかりやすい．円運動を空間反転をさせても円運動の向きは変わらないし，鏡映面内の円運動を鏡映させても向きは変わらない．一方で，鏡映面に垂直な面内の円運動は鏡映をさせると逆回転になる．このことは，矢印のようなベクトルととらえて反転や鏡映を行った場合とちょうど逆になっている．このような変換をするようなベクトルを**軸性ベクトル**と言う．

一般に，反転や鏡映のような座標系を右手系から左手系に変換するような場合には，ベクトルは

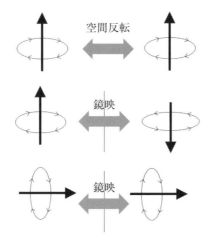

図 1.7 軸性ベクトルの変換.

$$T_j^{'} = \lambda \sum a_{ji} T_i \tag{1.26}$$

$$\lambda = \pm 1 \tag{1.27}$$

のように変換する．これらの変換では，軸性ベクトルか極性ベクトルかで変換の仕方が異なるが，その違いが λ の符号で表されており，極性ベクトルの場合には $\lambda = +1$，軸性ベクトルの場合には $\lambda = -1$ となる．同様に，二階テンソル T_{ij}，三階テンソル T_{ijk}，四階テンソル T_{ijkl} も

$$T_{kl}^{'} = \lambda \sum a_{ki} a_{lj} T_{ij} \tag{1.28}$$

$$T_{lmn}^{'} = \lambda \sum a_{li} a_{mj} a_{nk} T_{ijk} \tag{1.29}$$

$$T_{mnop}^{'} = \lambda \sum a_{mi} a_{nj} a_{ok} a_{pl} T_{ijkl} \tag{1.30}$$

のようになり，$\lambda = 1$ のテンソルを**極性テンソル**，$\lambda = -1$ のテンソルを**軸性テンソル**と言う．ノイマンの原理によれば，点群に含まれる対称操作で物性テンソルを変換しても元のテンソルと同じことが要請される．このことを利用して，直方晶の点群 222 を持つ物質における電気伝導度テンソルを考えよう．この点群は，直交した三つの方向(x 方向, y 方向, z 方向)周りの 2 回回転(180 度回転)で不変になる対称性である．群に属する回転操作は，三つの 2 回回転 C_{2x}, C_{2y}, C_{2z} と恒等操作だけである．行列

12　第1章　基礎知識：物質中の電磁気学および結晶・磁気対称性

で書くとこれらの2回回転操作は

$$
C_{2x} = (c_{ij}^x) = \begin{pmatrix} 1 & 0 & 0 \\ 0 & -1 & 0 \\ 0 & 0 & -1 \end{pmatrix} \tag{1.31}
$$

$$
C_{2y} = (c_{ij}^y) = \begin{pmatrix} -1 & 0 & 0 \\ 0 & 1 & 0 \\ 0 & 0 & -1 \end{pmatrix} \tag{1.32}
$$

$$
C_{2z} = (c_{ij}^z) = \begin{pmatrix} 1 & 0 & 0 \\ 0 & -1 & 0 \\ 0 & 0 & -1 \end{pmatrix} \tag{1.33}
$$

となる．二階テンソルの場合の変換式である式 (1.28) が行列の積の形で書けることを利用して，C_{2x} の対称性から

$$
\begin{aligned}
& \left(\sum_{ij} c_{ki}^x c_{lj}^x \sigma_{ij} \right) \\
&= \begin{pmatrix} 1 & 0 & 0 \\ 0 & -1 & 0 \\ 0 & 0 & -1 \end{pmatrix} \begin{pmatrix} \sigma_{xx} & \sigma_{xy} & \sigma_{xz} \\ \sigma_{yx} & \sigma_{yy} & \sigma_{yz} \\ \sigma_{zx} & \sigma_{zy} & \sigma_{zz} \end{pmatrix} \begin{pmatrix} 1 & 0 & 0 \\ 0 & -1 & 0 \\ 0 & 0 & -1 \end{pmatrix} \\
&= \begin{pmatrix} \sigma_{xx} & -\sigma_{xy} & -\sigma_{xz} \\ -\sigma_{yx} & \sigma_{yy} & \sigma_{yz} \\ -\sigma_{zx} & \sigma_{zy} & \sigma_{zz} \end{pmatrix} = \begin{pmatrix} \sigma_{xx} & \sigma_{xy} & \sigma_{xz} \\ \sigma_{yx} & \sigma_{yy} & \sigma_{yz} \\ \sigma_{zx} & \sigma_{zy} & \sigma_{zz} \end{pmatrix}
\end{aligned} \tag{1.34}
$$

が成り立たなければならない．したがって，$\sigma_{xy} = \sigma_{xz} = \sigma_{yx} = \sigma_{zx} = 0$ が要請される．同様に，C_{2y}，C_{2z} の対称性から $\sigma_{yz} = \sigma_{zy} = 0$ も導かれる．したがって，電気伝導度は

$$
\begin{pmatrix} \sigma_{xx} & 0 & 0 \\ 0 & \sigma_{yy} & 0 \\ 0 & 0 & \sigma_{zz} \end{pmatrix} \tag{1.35}
$$

のようになる．点群 222 を持つ物質の二階テンソルであれば同様な形を持つ．

1.3 物質の対称性　13

　一般に，点群対称性から，各階のテンソルのどのようなテンソル要素が非零になり，どの成分とどの成分が同じ，もしくは異なるかといったことが導かれる．そのような点群対称性から決まる物性テンソルの形は，文献に整理してまとめられている（今野[3]）．個々の例についてはそれらを参照してほしいが，ここでは特に，空間反転対称性の有無でのテンソルの違いについて述べる．空間反転操作を表す変換行列は

$$
\begin{pmatrix}
-1 & 0 & 0 \\
0 & -1 & 0 \\
0 & 0 & -1
\end{pmatrix}
\tag{1.36}
$$

であり，各成分の符号を反転するものである．空間反転対称性のある結晶の場合，奇数 $2n+1$ 次の極性物性テンソル T は，$T = (-1)^{2n+1}T$ を要請されるので，$T = 0$ となる．同様に，偶数次の軸性テンソルの物性テンソルも存在しないことがわかる．逆に言えば，空間反転対称性が破れた結晶においては，このような制約が破れるので通常の物質では現れない応答が生じる．このような，空間反転対称性の破れによって現れる応答の一つが圧電性である．

　圧電性は，応力を印加したときに電気分極が生じる（もしくは電圧をかけたときに歪が生じる）現象で，力学的な応力と電気の非自明な相関効果である．応力は，物体のある面にかかる力のことである．面の方向と力の方向の二つの要素があるため，二階の極性テンソル s_{ij} で表される．一方で電気分極は一階の極性テンソルで表されるので，圧電効果の物性テンソルは三階の極性テンソルで表され，空間反転対称性が破れた物質でのみ有限になる．例として，図 1.6 のような結晶構造を持つ $Ba_2CoGe_2O_7$ における圧電効果を取り上げよう．上で述べたように，この結晶構造の点群は $\overline{4}2m$ となる．この対称性では，自発的な誘電分極は持たないが空間反転対称性は破れており，圧電テンソルは有限となる．この点群において，三階極性テンソル d_{ijk} のうち有限になる要素は，$d_{xyz} = d_{yxz}$，$d_{xzy} = d_{yzx}$，$d_{zxy} = d_{zyx}$ であることが知られている[3]．例えば，z 方向に出る分極 P_z を考えてみよう．有限の圧電テンソルを使ってこれを表すと

$$
P_z = d_{xyz}s_{xy} + d_{yxz}s_{yx} = d_{xyz}(s_{xy} + s_{yx})
\tag{1.37}
$$

圧電テンソルを，式 (1.24) に従って z 軸周りで 45 度回転した座標系 $x'y'z'$ に変換してみよう．xyz 系から $x'y'z'$ 系への変換行列 a_{ij} は

14　第 1 章　基礎知識：物質中の電磁気学および結晶・磁気対称性

$$\begin{pmatrix} \frac{\sqrt{2}}{2} & -\frac{\sqrt{2}}{2} & 0 \\ \frac{\sqrt{2}}{2} & \frac{\sqrt{2}}{2} & 0 \\ 0 & 0 & 1 \end{pmatrix} \tag{1.38}$$

である．これを用いると

$$\begin{aligned} d_{x'x'z'} &= a_{x'x}a_{x'y}a_{z'z}d_{xyz} + a_{x'y}a_{x'x}a_{z'z}d_{yxz} \\ &= -\frac{1}{2}d_{xyz} - \frac{1}{2}d_{yxz} = -d_{xyz} \end{aligned} \tag{1.39}$$

$$d_{y'y'z'} = d_{xyz} = -d_{x'x'z'} \tag{1.40}$$

$$d_{x'y'z'} = d_{y'x'z'} = 0 \tag{1.41}$$

となるので

$$P_z = d_{x'x'z}(s_{x'x'} - s_{y'y'}) \tag{1.42}$$

が得られる．$s_{x'x'}$ は x' 面に垂直にかかる応力でいわゆる一軸圧であるので，x' 方向 ([110] 方向) に一軸圧を印加すると分極が発現することがわかる．図 1.8 に，この物質における一軸圧誘起の電気分極の実験結果を示す[6]．[110] 方向に一軸圧を印加すると，

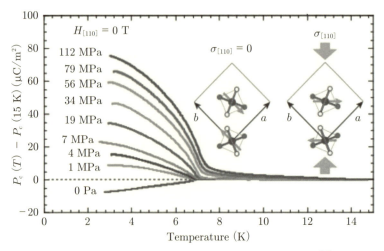

図 1.8　$Ba_2CoGe_2O_7$ における圧電効果 (Nakajima ら[6])．

低温に向かって少しずつ電気分極が誘起されており，7 K 以下で大きく増大する様子がわかる．この 7 K 付近の増大は，3.3 節で説明する磁気誘起の強誘電転移によるものである．

2

第 2 章
局在磁性

　本章では，磁性絶縁体において局在した電子軌道がどのように磁気モーメントを生じ，どのような相互作用が働き，そして，強磁性，反強磁性，らせん磁性などをどのように生み出すかについて，後の議論の基礎となる内容を中心に述べる．より詳しい議論は，磁性の良書が出版されているので参照してほしい（芳田[7]，白鳥と近[8]，安達[9]）．

2.1 磁気モーメント

2.1.1 原子軌道

　まず，孤立原子がどのような磁気モーメントを持つか考えよう．原子中の電子状態のモデルとして，電荷 Ze を持つ原子核のクーロンポテンシャルに捕獲されている一つの電子の量子状態を考えよう．この問題は，多くの量子力学の教科書に解説されており（シッフ[10] など），**シュレディンガー方程式，固有関数，固有エネルギー**は，電子の位置を $\boldsymbol{r} = (r\sin\theta\cos\phi, r\sin\theta\sin\phi, r\cos\theta)$ として，以下のように表される．

$$H\psi(\boldsymbol{r}) = E\psi(\boldsymbol{r}) \tag{2.1}$$

$$H = -\frac{\hbar}{2m}\nabla^2 - \frac{Ze^2}{4\pi\epsilon_0 r} \tag{2.2}$$

$$\psi_{n,l,m}(\boldsymbol{r}) = R_{n,l}(r)Y_l^m(\theta,\phi) \tag{2.3}$$

$$R_{n,l} = -\sqrt{\frac{4(n-l-1)!}{n^4[(n+l)!]^3}}\left(\frac{Z}{a_0}\right)^{3/2}\rho^l e^{-\rho/2}L_{n+l}^{2l+1}(\rho) \tag{2.4}$$

$$\rho = 2Zr/(na_0) \tag{2.5}$$

$$a_0 = \epsilon_0 h^2/(\pi m e^2) \tag{2.6}$$

$$Y_l^m(\theta,\phi) = C_{l,m}P_l^m(\cos\theta)e^{im\phi} \tag{2.7}$$

$$C_{l,m} = (-1)^{(m+|m|)/2}\frac{1}{\sqrt{2\pi}}\left[\frac{2l+1}{2}\frac{(l-|m|)!}{(l+|m|)!}\right]^{1/2} \tag{2.8}$$

18　第 2 章　局在磁性

$$E = -\frac{mZ^2e^4}{8\epsilon_0^2 h^2 n^2} \tag{2.9}$$

ここで，$P_l^m(\cos\theta)$ はルジャンドルの陪多項式であり，L_β^α はラゲールの陪多項式である．n, l, m は固有状態を分類する量子数である．n は主量子数と呼ばれ正の整数値を取る．l は方位量子数と呼ばれており，$n-1$ 以下の負でない整数値を取る．角運動量演算子の 2 乗 $\bm{L}^2$ の固有値は $l(l+1)\hbar^2$ となる．また，m は磁気量子数と呼ばれており，$m = -l, -l+1, \ldots, l-1, l$ の値を取る．角運動量の z 成分 L_z の固有値は $m\hbar$ となる．この他に電子はスピン角運動量の自由度があり，$S_z = +\hbar/2$ か $-\hbar/2$ を取る．エネルギー固有値は，主量子数 n のみで決まっており，縮退した状態の線形和もやはり固有状態となる．l, m で決まる角度成分を $Y_{l,m}^+ = (Y_{l,m} + Y_{l,-m})/\sqrt{2}$，$Y_{l,m}^- = (Y_{l,m} - Y_{l,-m})/\sqrt{2}i$ のように実数化し，$l = 0, 1, 2, 3$ の軌道を図 2.1 に示した．l の数だけ電子の軌道の角度依存性に節が生じていることがわかる．$l = 0, 1, 2, 3, \ldots$ の軌道を s 軌道，p 軌道，d 軌道，f 軌道と呼ぶ．また，主量子数と合わせて $3s$ 軌道，$2p$ 軌道などと言った呼び方をする場合も多い．

図 2.1　原子軌道．

実際の原子は，電子が一つだけでなく複数の電子が存在する．電子間の相互作用が働くと，電子状態は厳密に求めることは難しくなるが，それでも，個々の電子が原子核と他の電子から作られる実効的な中心場力の中に存在する孤立した電子とみなすことがよい近似となる．この場合，1 電子問題からの変更は，波動関数の動径方向成分が上のものと異なるようになることと，エネルギーが n だけでなく l にも依存するようになることである．l の値が小さくなると，電子軌道の節が少なくなることにより，他の電子からの遮蔽が効かない原子核付近に存在する確率が大きくなり，エネルギーは小さくなる．

複数の電子があるとき，パウリの排他律によって同じ準位に電子は一つしか入ることができないので，原子中の電子はエネルギーが下の順位から順番に詰まっていく．

2.1 磁気モーメント 19

1	2	3	4	5	6	7	8	9	10	11	12	13	14	15	16	17	18
1 H [1.00784, 1.00811]																	2 He 4.002602
3 Li [6.938, 6.997]	4 Be 9.0121831											5 B [10.806, 10.821]	6 C [12.0096, 12.0116]	7 N [14.00643, 14.00728]	8 O [15.99903, 15.99977]	9 F 18.998403162	10 Ne 20.1797
11 Na 22.98976928	12 Mg [24.304, 24.307]											13 Al 26.9815385	14 Si [28.084, 28.086]	15 P 30.973761998	16 S [32.059, 32.076]	17 Cl [35.446, 35.457]	18 Ar [39.792, 39.963]
19 K 39.0983	20 Ca 40.078	21 Sc 44.955907	22 Ti 47.867	23 V 50.9415	24 Cr 51.9961	25 Mn 54.938043	26 Fe 55.845	27 Co 58.933194	28 Ni 58.6934	29 Cu 63.546	30 Zn 65.38	31 Ga 69.723	32 Ge 72.630	33 As 74.921595	34 Se 78.971	35 Br [79.901, 79.907]	36 Kr 83.798
37 Rb 85.4678	38 Sr 87.62	39 Y 88.905838	40 Zr 91.224	41 Nb 92.90637	42 Mo 95.95	43 Tc [99]	44 Ru 101.07	45 Rh 102.90549	46 Pd 106.42	47 Ag 107.8682	48 Cd 112.414	49 In 114.818	50 Sn 118.710	51 Sb 121.760	52 Te 127.60	53 I 126.90447	54 Xe 131.293
55 Cs 132.9054196	56 Ba 137.327	57〜71 ※	72 Hf 178.486	73 Ta 180.94788	74 W 183.84	75 Re 186.207	76 Os 190.23	77 Ir 192.217	78 Pt 195.084	79 Au 196.966570	80 Hg 200.592	81 Tl [204.382, 204.385]	82 Pb [206.14, 207.94]	83 Bi 208.98040	84 Po [210]	85 At [210]	86 Rn [222]
87 Fr [223]	88 Ra [226]	89〜103 ※※	104 Rf [267]	105 Db [268]	106 Sg [271]	107 Bh [272]	108 Hs [277]	109 Mt [276]	110 Ds [281]	111 Rg [280]	112 Cn [285]	113 Nh [278]	114 Fl [289]	115 Mc [289]	116 Lv [293]	117 Ts [293]	118 Og [294]

※ ランタノイド

57 La 138.90547	58 Ce 140.116	59 Pr 140.90766	60 Nd 144.242	61 Pm [145]	62 Sm 150.36	63 Eu 151.964	64 Gd 157.25	65 Tb 158.925354	66 Dy 162.500	67 Ho 164.930329	68 Er 167.259	69 Tm 168.934219	70 Yb 173.045	71 Lu 174.9668

※※ アクチノイド

89 Ac [227]	90 Th 232.0377	91 Pa 231.03588	92 U 238.02891	93 Np [237]	94 Pu [239]	95 Am [243]	96 Cm [247]	97 Bk [247]	98 Cf [252]	99 Es [252]	100 Fm [257]	101 Md [258]	102 No [259]	103 Lr [262]

図 2.2 元素の周期表。元素記号の上の数字は原子番号、下の数字は原子量をそれぞれ示す。安定同位体がなく、天然で特定の同位体組成を示さない元素については、その元素の放射性同位体の質量数の一例を [ ] 内に示す。族番号 (1〜18) は IUPAC 無機化学命名法改訂版 (1989) による (国立天文台編、「理科年表 2024」、丸善出版 (2023) より)。

図 2.2 に示す元素の周期律表は，電子がどの軌道まで詰まっているかを分類している．周期（行数）はどの主量子数まで詰まっているかを表し，族（列数）はどの軌道まで詰まっているかを表している．1 族，2 族は s 電子がそれぞれ 1 個，2 個詰まって p, d 軌道は空の原子を表して，逆に 13～18 族は p 軌道が 1～6 個詰まった原子を表している．そして，3～12 族が d 軌道に部分的に電子が存在する遷移元素，ランタノイド，アクチノイドは f 軌道に部分的に電子が存在する原子である．

2.1.2 遷移金属における d 軌道

上記のような原子軌道のうち，磁性を担うのは多くの場合遷移金属か希土類である．これは，d 軌道や f 軌道が強い電子相関を有することに由来している．図 2.3 に，1 電子原子における主量子数 $n = 3$ の場合の動径方向の波動関数を示す．l の大きさが大きくなると軌道の広がりが徐々に狭くなっているのがわかる．このような狭い軌道では，二つの電子が同じ軌道を占めたときのクーロン反発が大きくなり，電子軌道にスピン状態の異なる二つ目の電子が入りにくくなる．結果として，打ち消されないスピン自由度が顕在化して物性に効いてくることになる．軌道角運動量に関しても（結

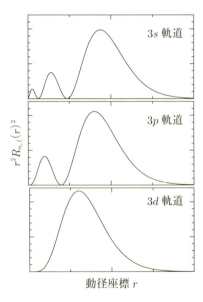

図 2.3 1 電子原子の $n = 3$ 軌道における，波動関数 $R_{n,l}$ の動径方向依存性．

2.1 磁気モーメント　21

晶場などによって打ち消されない場合には），スピンと同様なことが言える．このような事情から，d 軌道や f 軌道が磁性発生の舞台となるのである．

d 軌道は，$m = -2, -1, 0, 1, 2$ の五つの軌道があり，f 軌道には，七つの軌道がある．これらの原子軌道の形状は，**球面調和関数** $Y_{l,m}$ で決まる．本書で取り上げることが多い d 軌道について詳しく見ておこう．d 軌道に関係する $l = 2$ の球面調和関数は

$$Y_{2,0} = \sqrt{\frac{5}{16\pi}}(3\cos^2\theta - 1) \tag{2.10}$$

$$Y_{2,\pm 1} = \mp\sqrt{\frac{15}{8\pi}}\sin\theta\cos\theta e^{\pm i\phi} \tag{2.11}$$

$$Y_{2,\pm 2} = \sqrt{\frac{15}{32\pi}}\sin^2\theta e^{\pm 2i\phi} \tag{2.12}$$

である．波動関数は，動径方向成分を $f(r)$ として

$$\psi_{n,2,m} = f(r)Y_{2,m} \tag{2.13}$$

と表される．線形結合を取って実数化した表示では

$$f(r)Y_{2,0} = \sqrt{\frac{5}{16\pi}}f_{n,l}(r)(3\cos^2\theta - 1) = \sqrt{\frac{5}{16\pi}}\frac{f(r)}{r^2}(3z^2 - r^2) \tag{2.14}$$

$$\frac{1}{\sqrt{2}i}f(r)(Y_{2,1} + Y_{2,-1}) = -\sqrt{\frac{15}{4\pi}}f(r)\sin\theta\cos\theta\sin\phi = -\sqrt{\frac{15}{4\pi}}\frac{f(r)}{r^2}yz \tag{2.15}$$

$$\frac{1}{\sqrt{2}}f(r)(Y_{2,1} - Y_{2,-1}) = -\sqrt{\frac{15}{4\pi}}f(r)\sin\theta\cos\theta\cos\phi = -\sqrt{\frac{15}{4\pi}}\frac{f(r)}{r^2}zx \tag{2.16}$$

$$\frac{1}{\sqrt{2}}f(r)(Y_{2,2} + Y_{2,-2}) = \sqrt{\frac{15}{16\pi}}f(r)\sin^2\theta\cos 2\phi = \sqrt{\frac{15}{16\pi}}\frac{f(r)}{r^2}(x^2 - y^2) \tag{2.17}$$

$$\frac{1}{\sqrt{2}i}f(r)(Y_{2,2} - Y_{2,-2}) = \sqrt{\frac{15}{16\pi}}f(r)\sin^2\theta\sin 2\phi = \sqrt{\frac{15}{4\pi}}\frac{f(r)}{r^2}xy \tag{2.18}$$

となる．これらの電子軌道の等存在確率面を示したものが**図 2.4** になる．

さて，1 電子近似が働かない d 軌道や f 軌道を複数の電子が占めるときに，どのようなスピンや軌道の状態が占有されるかは，電子同士のクーロン力などを考慮しなければならない．エネルギーが低い占有の仕方を定めた経験則が，次の**フントの規則**と呼ばれるものである．

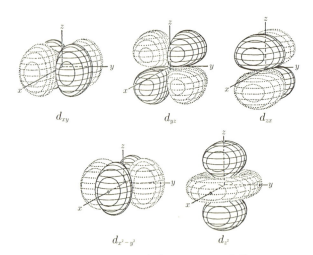

図 2.4 d 軌道の形状 (大野[11], 川村と藤本[12] より引用).

- 第一の規則：合成スピンの大きさ S を最大にする．
  各電子が持つスピン s_i を足した合成スピン角運動量 $S = \sum_i s_i$ の大きさ S が最大になるように電子軌道が詰まる．
- 第二の規則：第一の規則に従った上で，パウリの原理を満足するように合成軌道角運動量の大きさ L を最大にする．
  電子が持つ軌道角運動量 l_i を足した合成軌道角運動量 $L = \sum_i l_i$ の大きさ L が最大になるように電子軌道が詰まる．
- 第三の規則：第一の規則，第二の規則に従ったうえで
  電子数 n が，$n \leq 2l+1$ のとき，全角運動量が $J = |L - S|$
  電子数 n が，$n \geq 2l+1$ のとき，全角運動量が $J = L + S$
  となるように電子配置が決まる．

例えば，Nd^{3+} には $4f$ 電子が三つあるが，この場合には**図 2.5** のように第一の規則に従ってすべての電子のスピンが同じ方向を向き，第二の規則に従って $|m| = 3, 2, 1$ で同符号の軌道を占める．そして，第三の規則に従うと，$4f$ 電子は $l = 3$ で $n \leq 2l+1$ であるので，S と L は逆を向き $J = \frac{9}{2}\hbar$ となる．一方，Tb^{3+} は $4f$ 電子が八つある．このときには一つのスピン状態がすべて占められ，逆向きの状態に一つ入る．逆向きのスピン状態は，第二の規則に従って $|m| = 3$ の状態に入る．この場合，$n \geq 2l+1$,

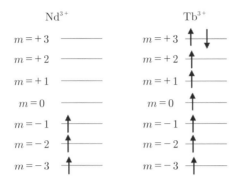

図 2.5 Nd^{3+} と Tb^{3+} におけるフントの規則に基づいた $4f$ 電子の配置.

$S > 0$ であるので第三の規則により，$L > 0$ になるように m の符号が正と決まる．

第一の規則，第二の規則は，お互いのクーロン相互作用が低くなるためである．特に第一の規則は，2.2.1 節で述べるポテンシャル交換相互作用が原子内で働いたためとみなせる．第三の規則は，スピン軌道相互作用による．これは相対論的量子論の波動方程式であるディラック方程式から派生したスピン角運動量と軌道角運動量の結合で

$$H_{so} = \xi \sum_i \bm{l}_i \cdot \bm{s}_i \tag{2.19}$$

の形で書ける．係数の ξ は正で，個々の電子は軌道角運動量とスピン角運動量を逆にすることを好む．ただし，図 2.5 における Tb^{3+} のように電子数が $2l+1$ を超えた場合，$2l+1$ 個の片方のスピンの軌道が埋まった後に，余分な電子をスピンと軌道角運動量が逆になるように配置していくと，全軌道角運動量 $\bm{L}$ と全スピン角運動量 $\bm{S}$ は平行になるようになる．全軌道角運動量 $\bm{L}$ と全スピン角運動量 $\bm{S}$ を用いると，スピン軌道相互作用のハミルトニアンは

$$H_{so} = \lambda \bm{L} \cdot \bm{S} = \lambda/2(J^2 - L^2 - S^2) \tag{2.20}$$

と表される．$n \leq 2l+1$ のとき $\lambda > 0$ なので，$\bm{L}$ と $\bm{S}$ が反平行な $J = |L - S|$ となり，$n \geq 2l+1$ のとき $\lambda < 0$ で $\bm{L}$ と $\bm{S}$ が平行な $J = L + S$ になる．

結晶場の効果

結晶中の原子やイオンにおける電子状態を考える際には，結晶場の影響を考える必要がある．結晶場とは他の原子，イオンからのポテンシャルの影響であり，これによ

り電子の感じるポテンシャルが球対称でなくなる．3d 軌道の場合，フントの第二規則以下よりも結晶場が優先される．遷移金属の周りに酸素が正八面体状に配位している場合(図 2.6)，もともと五重に縮退した 3d 軌道が酸素のほうを向いてエネルギーが高い e_g 軌道(図 2.4 の $3z^2 - r^2$, $x^2 - y^2$)と，酸素を避ける方向を向いていてエネルギーが低い t_{2g} 軌道(図 2.4 の xy 軌道，yz 軌道，zx 軌道)に分裂する(図 2.7)．四面体配位でも同様に e_g と t_{2g} に分裂するが，エネルギーの大小が逆で，t_{2g} 軌道のほうがエネルギーが高くなる．立方対称な結晶場からさらに対称性が低下して正方晶，斜方晶となると電子状態の分裂が進む．第一規則と結晶場は，場合によりどちらが優先されるかが変わり得る．例えば，ペロブスカイト Mn 酸化物 LaMnO$_3$ では，3d 電子が四つある Mn^{3+} に O^{2-} イオンが八面体に配位している．このときは，結晶場よりもフントの第一規則が優先され四つの電子が同じスピンを取る．一方で，ペロブスカイトコバルト酸化物 LaCoO$_3$ では，ほぼ同じ結晶構造で Mn^{3+} の代わりに 3d 電子

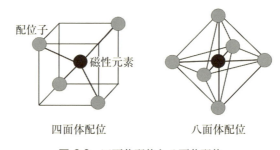

図 2.6 四面体配位と八面体配位．

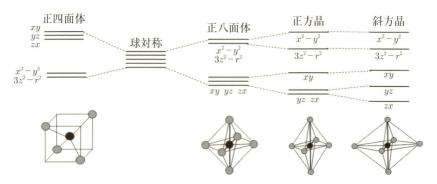

図 2.7 d 軌道における結晶場分裂．

が六つある Co^{3+} があるが，低温では結晶場が優先され，t_{2g} 軌道にすべての軌道が埋まる．

結晶場によって電子準位が分裂する場合，ハミルトニアンの結晶ポテンシャルと運動エネルギーの項は共に実数で書けるので，その固有関数も実数になる．一方で，角運動量の演算子は

$$L_z = -i\hbar \frac{\partial}{\partial \phi} \tag{2.21}$$

のように純虚数になり，実関数の状態の期待値も純虚数になるはずである．他方で，角運動量はエルミート演算子であり，実の固有値を持つことが保証されている．この結果，結晶場によって縮退がすべて解けて実関数の波動関数が実現される場合には

$$\langle 0 | \boldsymbol{L} | 0 \rangle = \boldsymbol{0} \tag{2.22}$$

となることが要請される．これを**角運動量の消失**と言う．角運動量が消失した状態においても，スピン軌道相互作用が摂動的に働くことができる．すなわち，$|g\rangle$, $|e\rangle$ を，それぞれ基底状態，励起状態としたとき

$$-\frac{\langle g | \lambda \boldsymbol{L} \cdot \boldsymbol{S} | e \rangle \langle e | \lambda \boldsymbol{L} \cdot \boldsymbol{S} | g \rangle}{E_e - E_g} \tag{2.23}$$

といった摂動ハミルトニアンが働く．この項を書き換えると

$$-\lambda^2 \boldsymbol{S} \Lambda \boldsymbol{S} \tag{2.24}$$

と表され，角運動量がほぼ消失した場合にスピンの異方性を表す相互作用となる．ここで，Λ は二階のテンソルで

$$\Lambda_{ij} = \frac{\langle g | L_i | e \rangle \langle e | L_j | g \rangle}{E_e - E_g} \tag{2.25}$$

である．

一方，希土類における $4f$ 軌道の場合には，フントの規則が結晶場よりも優先され，まず J が決定される．その結果，$2J+1$ 個の縮退が残るが，結晶場は球対称性を破るためこの縮退を解き，準位を分裂させる．その結果，磁気モーメントに異方性を与えられる．

26   第2章 局在磁性

2.2 強磁性相互作用と反強磁性相互作用

二つの磁気モーメントの間には電磁気学的な磁気双極子相互作用が働くが，磁性イオンのスピン角運動量や軌道角運動量による μ_B 程度の二つの磁気モーメントが数オングストローム程度の距離にあるとして大きさを評価すると，1K 以下のエネルギースケールとなる．したがって，これを室温以上でも存在する強磁性秩序や反強磁性秩序の起源と考えることはできない．以下で見るように，交換相互作用と呼ばれる量子力学的な相互作用が磁気秩序発生の起源となっている．

2.2.1 ポテンシャル交換相互作用

電子はフェルミオンであり，粒子の入れ換えによって波動関数の符号が変わることが要請される．これによって 2 電子間相互作用にスピンに依存性が生じ，結果として強磁性的な相互作用が働く．この節では，このようなポテンシャル交換相互作用と呼ばれる相互作用について説明する．

隣り合う原子(原子 1，原子 2 と呼ぶ)における電子軌道に，一つずつ電子があるとする．簡単のため，スピン軌道相互作用などは考えないとする．2 電子の波動関数 ψ は，スピン部分 χ と軌道部分 ϕ に分離でき，粒子交換に対して反対称になる要請を満たすために

$$\psi = \phi_s \chi_a \tag{2.26}$$

または

$$\psi = \phi_a \chi_s \tag{2.27}$$

と表されるとしよう．ここで，ϕ_s, ϕ_a は，電子の交換に対して対称および反対称な 2 電子波動関数の軌道成分であり，χ_s, χ_a は，対称および反対称なスピン成分である．そして，ϕ_s と ϕ_a は，近似的に原子 1 にある 1 電子軌道 $\phi_1(r)$ と，原子 2 にある 1 電子軌道 $\phi_2(r)$ によって構成され，二つの電子の座標を r_1, r_2 として

$$\phi_s = \frac{1}{\sqrt{2}} \Big(\phi_1(r_1)\phi_2(r_2) + \phi_1(r_2)\phi_2(r_1) \Big) \tag{2.28}$$

$$\phi_a = \frac{1}{\sqrt{2}} \Big(\phi_1(r_1)\phi_2(r_2) - \phi_1(r_2)\phi_2(r_1) \Big) \tag{2.29}$$

2.2 強磁性相互作用と反強磁性相互作用 27

と表されるとしよう. ここで, $\phi_1(\boldsymbol{r})$ と $\phi_2(\boldsymbol{r})$ は結晶中のワニエ軌道 (4.2 節参照) のように互いに直交していると仮定する.

スピン成分については, χ_{s} は

$$\alpha(1)\alpha(2)$$
$$\frac{1}{\sqrt{2}}(\alpha(1)\beta(2) + \alpha(2)\beta(1))$$
$$\beta(1)\beta(2)$$

の $S=1$ の三重項状態の 2 電子スピン状態で表され, χ_{a} は

$$\frac{1}{\sqrt{2}}(\alpha(1)\beta(2) - \alpha(2)\beta(1)) \tag{2.30}$$

の $S=0$ の一重項状態となる. ただし, α, β は上向き, 下向きのスピンの 1 電子波動関数のスピン成分であり, カッコ内の数字 1, 2 は二つの電子の座標を表している. このような状況で対称な 2 電子軌道状態 ϕ_{s} と反対称な 2 電子軌道 ϕ_{a} のエネルギー差が生じれば, 二つの電子のスピンに相互作用が生じているとみなすことができる. 実際, クーロン相互作用 $\frac{e^2}{|\boldsymbol{r}_1 - \boldsymbol{r}_2|}$ の期待値を考えると

$$\int \phi_{\mathrm{s}}^* \frac{e^2}{|\boldsymbol{r}_1 - \boldsymbol{r}_2|} \phi_{\mathrm{s}} d^3\boldsymbol{r}_1 d^3\boldsymbol{r}_2 = J + K \tag{2.31}$$

$$\int \phi_{\mathrm{a}}^* \frac{e^2}{|\boldsymbol{r}_1 - \boldsymbol{r}_2|} \phi_{\mathrm{a}} d^3\boldsymbol{r}_1 d^3\boldsymbol{r}_2 = -J + K \tag{2.32}$$

となる. J と K は, 交換積分, クーロン積分と呼ばれる電子間のクーロン相互作用の行列要素で

$$J = \int \phi_1(\boldsymbol{r}_2)^* \phi_2(\boldsymbol{r}_1)^* \frac{e^2}{|\boldsymbol{r}_1 - \boldsymbol{r}_2|} \phi_1(\boldsymbol{r}_1)\phi_2(\boldsymbol{r}_2) d^3\boldsymbol{r}_1 d^3\boldsymbol{r}_2 \tag{2.33}$$

$$K = \int \frac{e^2}{|\boldsymbol{r}_1 - \boldsymbol{r}_2|} |\phi_1(\boldsymbol{r}_1)|^2 |\phi_2(\boldsymbol{r}_2)|^2 d^3\boldsymbol{r}_1 d^3\boldsymbol{r}_2 \tag{2.34}$$

である. J は正であることが示すことができるので, 軌道成分が反対称で三重項のスピン状態を持つ状態が, 軌道成分が対称でスピン一重項状態を持つ状態と比べてエネルギー差 $2J$ の分だけ安定である. 二つの電子のスピン角運動量を $\hbar\boldsymbol{S}_1, \hbar\boldsymbol{S}_2$ とすると, $\boldsymbol{S}_{\mathrm{tot}}^2 = (\boldsymbol{S}_1 + \boldsymbol{S}_2)^2$ は一重項の場合はゼロ, 三重項の場合は $S_{\mathrm{tot}}(S_{\mathrm{tot}} + 1) = 2$ であり, $\boldsymbol{S}_1^2 = \boldsymbol{S}_2^2 = \frac{1}{2}(\frac{1}{2} + 1) = \frac{3}{4}$, $\boldsymbol{S}_1 \cdot \boldsymbol{S}_2 = ((\boldsymbol{S}_1 + \boldsymbol{S}_2)^2 - \boldsymbol{S}_1^2 - \boldsymbol{S}_2^2)/2$ となることを考慮すると, 有効的な強磁性的相互作用は

$$-\frac{J}{2}(1 + 4\boldsymbol{S}_i \cdot \boldsymbol{S}_j) \tag{2.35}$$

と表すことができる．このような相互作用を**ポテンシャル交換相互作用**と呼ぶ．

2.2.2 運動交換相互作用

2.2.1 節の場合には，各原子に一つの電子が存在しており，一つの軌道に電子が二つ占有する状態は考慮しなかった．この節では，図 2.8 のように，二つの原子（原子 1，原子 2）の軌道に一つずつ電子が存在している状態において，二重占有状態 $|e\rangle$ が仮想準位として許される場合に，強磁性状態 $|F\rangle$ と反強磁性状態 $|AF\rangle$ のエネルギー差を考えてみよう．強磁性状態 $|F\rangle$ は電子のスピンが同じため，摂動の仮想準位としても電子が隣りに移って二重占有状態になることは許されないが，反強磁性状態 $|AF\rangle$ は二重占有状態を二次摂動の仮想占有状態 $|e\rangle$ とすることができる．この二次摂動エネルギーを具体的に表すと

$$-\frac{\langle AF|H'|e\rangle \langle e|H'|AF\rangle}{E_e - E_g} = -\frac{t^2}{U} \tag{2.36}$$

となる．ここで，$t = \langle AF|H'|e\rangle$ は電子が隣の原子へと移る遷移行列であり，$|AF\rangle$ と $|e\rangle$ におけるエネルギー差 $U = E_e - E_g$ は二重占有によるクーロン力の損である．このようなスピン間の相互作用を**運動交換相互作用**と言い，この場合の有効的なスピン相互作用は

$$\frac{2t^2}{U}(-\frac{1}{2} + 2\boldsymbol{S}_i \cdot \boldsymbol{S}_j) \tag{2.37}$$

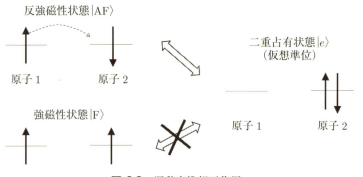

図 2.8 運動交換相互作用．

と表される[7]. このように二重占有状態を仮想準位にできる場合には，反強磁性状態が安定となる.

上記のように，ポテンシャル交換相互作用は強磁性的な配列を有利にし，運動交換相互作用は反強磁性的な配列を有利にする．どのような場合に強磁性的になり，どのような場合に反強磁性的になるかということが興味が持たれるが，原子サイト間の飛び移りが許される場合には，二重占有の仮想準位が働き反強磁性的になり，飛び移りが軌道の形などで禁止されている場合には強磁性的になることが多い．遷移金属酸化物の場合には，酸素が磁性を担う遷移金属間をつなぐ役割をしている．この場合，酸素 $2p$ 軌道を介して遷移金属軌道がどのように繋がっているかが，磁気相互作用の符号を決定する上で重要であり，その規則はグッドイナフ–金森則としてまとめられている[13].

2.3　ジャロシンスキー–守谷相互作用

上記のように，強磁性相互作用，反強磁性相互作用ともに二つのスピンの内積で表現することができる．より高次の摂動を考えると，**ジャロシンスキー–守谷 (DM) 相互作用**と呼ばれる外積 $\boldsymbol{S}_i \times \boldsymbol{S}_j$ タイプの相互作用を導くことができる．この相互作用が有限に存在するためには局所的な空間反転対称性の破れが必要であり，その方向や符号も対称性に敏感な性質を持つ．この後の議論で重要になる，キラリティや強誘電性といった空間反転対称性の破れを磁性と結びつける重要な相互作用である.

ジャロシンスキー–守谷相互作用の起源を考えるために，**図 2.9** のように原子 1，原子 2 に二つの軌道 $|g_i\rangle$, $|e_i\rangle$ $(i = 1, 2)$ がある場合を考えよう．$|g_i\rangle$ が最低エネルギー状態で $|e_i\rangle$ が励起状態である．そこに，スピン $\boldsymbol{S}_1, \boldsymbol{S}_2$ を持つ電子が各原子に 1 個ずつ存在することとするとしよう．このときに，次のような二次の摂動エネルギーとして交換相互作用を一回，スピン軌道相互作用を一回使って生じる項を考えよう.

$$
\begin{aligned}
H_{\mathrm{DM}} = \\
-\lambda\Big[\sum_{e_1} \frac{\langle g_1 g_2 | \boldsymbol{L}_1 \cdot \boldsymbol{S}_1 | e_1 g_2 \rangle \langle e_1 g_2 | V_{\mathrm{ex}} | g_1 g_2 \rangle + | g_1 g_2 | V_{\mathrm{ex}} | e_1 g_2 \rangle \langle e_1 g_2 | \boldsymbol{L}_1 \cdot \boldsymbol{S}_1 | g_1 g_2 \rangle}{E_{e_1} - E_{g_1}} \\
+ (1 と 2 を交換した項)\Big]
\end{aligned}
\tag{2.38}
$$

ここで，λ, $\boldsymbol{L}_i$, $\boldsymbol{S}_i$ $(i = 1, 2)$ は，スピン軌道相互作用の定数，i 原子サイトの軌道角

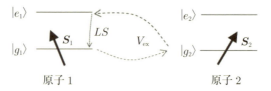

図 2.9 ジャロシンスキー–守谷相互作用.

運動量，スピン角運動量である．一方，$\langle e_1 g_2 | V_{\text{ex}} | g_1 g_2 \rangle$ は交換相互作用の非対角要素である．具体的には，図 2.9 のように，運動交換相互作用を考えて

$$\langle e_1 g_2 | V_{\text{ex}} | g_1 g_2 \rangle = 4 \bm{S}_1 \cdot \bm{S}_2 \, \langle e_1 g_2 | H' | g_2 g_2 \rangle \frac{1}{U} \langle g_2 g_2 | H' | g_1 g_2 \rangle \quad (2.39)$$

のような項と考えることもできるし，ポテンシャル交換相互作用を考えて

$$\langle e_1 g_2 | V_{\text{ex}} | g_1 g_2 \rangle = -2 \bm{S}_1 \cdot \bm{S}_2 \int \phi_{e_1}(\bm{r}_2)^* \phi_{g_2}(\bm{r}_1)^* \frac{e^2}{|\bm{r}_1 - \bm{r}_2|} \phi_{g_1}(\bm{r}_1) \phi_{g_2}(\bm{r}_2) d^3 \bm{r}_1 d^3 \bm{r}_2 \quad (2.40)$$

とすることもできる（ϕ_{e_i}, ϕ_{g_i} は状態 $|e_i\rangle, |g_i\rangle$ の波動関数である）．実際に，運動交換とポテンシャル交換のうちどちらが支配的になるかは状況による．$\langle g_1 g_2 | L_1 \cdot S_1 | e_1 g_2 \rangle$ は，$\bm{L} \cdot \bm{S} = \frac{1}{2} L_+ S_- + \frac{1}{2} L_- S_+ + L_z S_z$ に含まれる $\bm{L}$ の非対角要素を使って元の軌道に戻ることを表している．この相互作用は，$\langle e_1 g_2 | V_{\text{ex}} | g_1 g_2 \rangle = \bm{S}_1 \cdot \bm{S}_2 J(e_1 g_2, g_1 g_2)$ などと置くと

$$H_{\text{DM}} = \bm{D} \cdot [\bm{S}_1 \times \bm{S}_2] \quad (2.41)$$

$$\bm{D} = -2i\lambda \Big[\sum_{e_1} \frac{\langle g_1 | \bm{L}_1 | e_1 \rangle}{E_{e_1} - E_{g_1}} J(e_1 g_2, g_1 g_2)$$
$$- \sum_{e_2} \frac{\langle g_2 | \bm{L}_2 | e_2 \rangle}{E_{e_2} - E_{g_2}} J(g_1 e_2, g_1 g_2) \Big] \quad (2.42)$$

のように，反対称の相互作用であることがあらわな形式で表すことができる．$\bm{D}$ は**ジャロシンスキー–守谷ベクトル**と呼ばれる．

この相互作用を実際の物質で考えるときには，式 (2.42) の摂動項を真面目に考えるよりも対称性の考察が有効である．例えば，1, 2 の原子サイトの中点に空間反転対称の中心があるとしよう．空間反転操作によって 1 サイトは 2 サイトに，2 サイトは 1 サイトに移るが，スピンは軸性ベクトルであり，空間反転によって向きを変えないの

で，$S_{1x} \to S_{2x}$，$S_{1y} \to S_{2y}$，$S_{1z} \to S_{2z}$ のように変換する．したがって

$$H_{\mathrm{DM}} = \boldsymbol{D} \cdot \left[\boldsymbol{S}_1 \times \boldsymbol{S}_2\right] \to -\boldsymbol{D} \cdot \left[\boldsymbol{S}_1 \times \boldsymbol{S}_2\right] \tag{2.43}$$

となり，$\boldsymbol{D} = 0$ でなければ対称性の要請を満たせないので，この場合，ジャロシンスキー‐守谷相互作用が働かない．

そのほかジャロシンスキー‐守谷ベクトル $\boldsymbol{D}$ に関する対称性の規則は，以下のようなものがある．

二つの磁性サイト 1, 2 を結ぶ線分を AB としその中点を C とするとき

1. AB に垂直で C を通る鏡映面があるとき $\boldsymbol{D} \perp \mathrm{AB}$
2. AB を含む鏡映面がある場合には $\boldsymbol{D} \perp$ 鏡映面
3. C を通り AB に垂直な 2 回軸がある場合には $\boldsymbol{D} \perp$ 2 回軸
4. AB を軸とする n 回軸 $(n \geq 2)$ があるときには $\boldsymbol{D} \| \mathrm{AB}$

最初の規則を確認してみよう．二つのサイトのスピンを $\boldsymbol{S}_1 = (S_{1x}, S_{1y}, S_{1z})$，$\boldsymbol{S}_2 = (S_{2x}, S_{2y}, S_{2z})$ として，z 軸は AB に平行であるとしたとき，z 面の鏡映による変換は $S_{1x} \to -S_{2x}$，$S_{1y} \to -S_{2y}$，$S_{1z} \to S_{2z}$，$S_{2x} \to -S_{1x}$，$S_{2y} \to -S_{1y}$，$S_{2z} \to S_{1z}$ となる．$\boldsymbol{D} = (D_x, D_y, D_z)$ としたとき，z 面の鏡映に対してジャロシンスキー‐守谷相互作用に関するハミルトニアンは

$$\begin{aligned}
H_{\mathrm{DM}} = {} & D_x(S_{1y}S_{2z} - S_{1z}S_{2y}) + D_y(S_{1z}S_{2x} - S_{1x}S_{2z}) + D_z(S_{1x}S_{2y} - S_{1y}S_{2x}) \\
\to {} & D_x(S_{1y}S_{2z} - S_{1z}S_{2y}) + D_y(S_{1z}S_{2x} - S_{1x}S_{2z}) - D_z(S_{1x}S_{2y} - S_{1y}S_{2x})
\end{aligned} \tag{2.44}$$

のように変換することから，$D_z = 0$ が要請されるので，$\boldsymbol{D} \perp \mathrm{AB}$ となる．他の規則についても同様に示すことができる．

ジャロシンスキー‐守谷相互作用の効果としてよく知られているものの一つとして，反強磁性体における寄生強磁性がある．その例として，**図 2.10** のようなコランダム構造を持つ Fe_2O_3 がある．この物質においては，260 K 以上の高温では c 軸に垂直な面内で互い違いに向いた反強磁性磁気構造を示す．図 2.10 に示したコランダム構造は，空間群 $R\bar{3}c$，点群 $\bar{3}m$ の対称性を持つ結晶構造であり，単位格子に四つの Fe イオンを含む．図 2.10 のように，この四つのイオンを 1, 2, 3, 4 と番号をつけると，1 と 2，

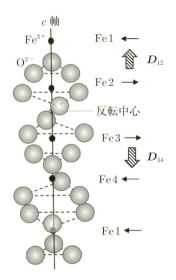

図 2.10 コランダム構造を持つ Fe_2O_3 における 260 K 以上の反強磁性構造.

3 と 4 の中点の周りでは，空間反転対称性が破れており，これらの持つ磁気モーメント間にはジャロシンスキー–守谷相互作用が働く．c 軸周りに 3 回軸があるので 1, 2 間のジャロシンスキー–守谷ベクトル D_{12}, 3, 4 間のジャロシンスキー–守谷ベクトル D_{34} は共に c 軸に平行もしくは反平行である．したがって，1, 2, 3, 4 の持つスピンを S_1, S_2, S_3, S_4 としたとき，ジャロシンスキー–守谷相互作用は

$$H_{\mathrm{DM}} = D_{12}(S_1 \times S_2)_z + D_{34}(S_3 \times S_4)_z \tag{2.45}$$

となる．ただし $(\cdots)_z$ はカッコ内の z 成分を意味する．これは，当然結晶が持つ対称操作に対して不変でなければならない．2 と 3 の中点周りで，反転対称の中心があり，これを作用させると $S_1 \leftrightarrow S_4, S_2 \leftrightarrow S_3$ となるので，$D_{12} = -D_{34}$ である．このような場合に，図 2.10(右)のような反強磁性構造があると，ジャロシンスキー–守谷相互作用により互い違いの磁気モーメントが紙面手前側にわずかに傾き，磁気モーメントの飽和値の 10^{-3}（交換相互作用とジャロシンスキー–守谷相互作用の比）程度の自発磁化が生じることになる．

2.4 二種類のらせん磁性

らせん磁気構造は，磁気モーメントがらせん状に整列する構造である．3.2 節で議論するように，空間反転対称性が破れた磁気構造のため，しばしば非自明な電気磁気相関を生じる．らせん磁気構造の起源の一つは，相互作用の競合によって発現するものである．これを見るために，最近接では J_1，次近接では J_2 の磁気相互作用が働く古典一次元系を考えよう（J_1–J_2 モデル）．ハミルトニアンは次のようになる．

$$H = -J_1 \sum_{\text{最近接}} \boldsymbol{S}_i \cdot \boldsymbol{S}_j - J_2 \sum_{\text{次近接}} \boldsymbol{S}_i \cdot \boldsymbol{S}_j \tag{2.46}$$

となる．ここで n 番目のサイトのスピンの x，y，z 成分を

$$S_n^x = S \cos(n\theta + \phi) \tag{2.47}$$
$$S_n^y = S \sin(n\theta + \phi) \tag{2.48}$$
$$S_n^z = 0 \tag{2.49}$$

と置く．ここで，$\theta = 0$ ならば強磁性，$\theta = \pi$ ならば反強磁性，それ以外ならばらせん磁性となる．このときのエネルギーは次式となる．

$$E = -2NS^2(J_1 \cos\theta + J_2 \cos 2\theta) \tag{2.50}$$

これを最小にする磁気構造は，$x = J_1$，$y = J_2$ の平面では図 2.11 のようになる．J_2 が正の場合には，$J_1 > 0$ の場合強磁性，$J_1 < 0$ の場合反強磁性となる．一方，J_2 が負の場合には，$J_1 < 4|J_2|$ のときにらせん磁性が発現する．これは，負の J_2 が強磁性にも互い違いの単純な反強磁性にも満足しないため，J_1 と競合してらせん磁気構造が生じているものと理解できる．らせんの角度 θ_0 は $dE/d\theta|_{\theta=\theta_0} = 0$ より

$$\cos\theta_0 = -J_1/4J_2 \tag{2.51}$$

を満たすものになる．

もう一つのらせん磁性の起源は，結晶がマクロな電気分極を持つ場合や「キラル」[*1]

[*1] 結晶構造のすべての鏡映対称性が破れていて，鏡像が元の結晶と重ならない結晶をキラルな結晶という．

34　第2章　局在磁性

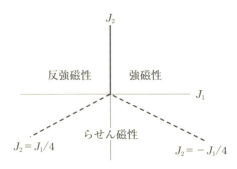

図 2.11 J_1–J_2 モデルにおける安定な磁気構造.

な場合など，(磁性サイトの中点のみならず結晶全体の)空間反転対称性が破れている場合である．2.3 節のコランダム構造における議論のように，結晶中のどこかに反転中心があると，ある 2 サイト間にジャロシンスキー–守谷相互作用が働くとき，それと逆符号のジャロシンスキー–守谷相互作用を持つ 2 サイトが存在する．しかしながら，空間反転対称性が破れていると逆符号のサイトは存在する必要がなく，すべての 2 サイト間で同様に働く一様なジャロシンスキー–守谷ベクトル D 成分が存在する．この場合には，特定の軸周りにスピンが少しずつ回転し，らせん磁気構造がしばしば現れる．例えば，次のようなハミルトニアンが働く一次元的に配列した古典磁気モーメントからなる系を考えよう．

$$H = -J \sum_{ij} \boldsymbol{S}_i \cdot \boldsymbol{S}_j + \boldsymbol{D} \cdot \sum_{ij} \boldsymbol{S}_i \times \boldsymbol{S}_j \qquad (2.52)$$

第 1 項は強磁性相互作用であり，第 2 項はジャロシンスキー–守谷相互作用である．相互作用は最近接サイトでのみ働き，どの最近接サイト間でも相互作用の値は変わらないものとする．$\boldsymbol{S}_i$ と $\boldsymbol{S}_j$ がなす角を θ とすると，2 サイトの磁気モーメントのエネルギー E_{ij} は

$$E_{ij} = -JS^2 \cos\theta + DS^2 \sin\theta = -\sqrt{J^2 + D^2} S^2 \cos(\theta - \alpha) \qquad (2.53)$$

ただし，$|\boldsymbol{D}| = D$，$\tan\alpha = -\frac{D}{J}$ である．したがって，$\boldsymbol{D}$ に垂直な面内でスピンが $\theta = \alpha$ だけ傾いた状態が最もエネルギーが低い．これにより，スピンの角度が α ずつ回転するらせん磁性が安定化される．多くの場合，ジャロシンスキー–守谷相互作用の大きさは交換相互作用と比べて十分小さく，らせん磁気構造は長周期となる．このよ

2.4 二種類のらせん磁性　35

図 2.12 ローレンツ電子顕微鏡によって観測した，キラル磁性体 $Fe_{0.5}Co_{0.5}Si$ におけるらせん磁気構造の実空間像(Uchida ら[16])．

うな長周期のらせん磁気構造は，例えば B20 型と呼ばれるキラルな結晶を持つ物質群で実現されている．図 2.12 は，磁性体の内部磁場による電子線の曲がりを利用したローレンツ電子顕微鏡を用いて観測した，B20 型キラル磁性体 $Fe_{0.5}Co_{0.5}Si$ におけるらせん磁気構造の実空間像である[16]．90 nm の周期構造が観測されており，これがらせん磁気構造によるものである．

3

第3章
磁性誘電体中の電気磁気相関

　この章では，磁性誘電体中の電気分極と磁性との相関現象について述べる．まず基礎となる磁性体における対称性について述べて，それを基に電気磁気効果を説明する．章の後半では，2003年の最初の発見以降盛んに研究された磁気誘起強誘電性について説明する．

3.1　時間反転操作と磁気点群

　第1章で点群や空間群を用いて結晶の対称性が分類できることを説明し，物性テンソルの対称性が結晶点群の対称性に従うことを述べた．しかし，磁気秩序がある状態の応答は，結晶の点群だけでは不十分であり，磁気秩序の影響を取り入れるために時間反転操作を考える必要がある．この**時間反転操作**は文字通り，時間tの向きを$t \rightarrow -t$のように逆にするものであり，電流や運動量の向きを逆にする．磁気モーメントも，電荷の回転運動(円環電流)によって定義されるので，時間の向きを反転させると逆になる性質があり，このため，点群の対称操作に時間反転操作を含めれば磁気秩序状態の分類が可能になるのである．回転，反転，鏡映などの操作に加えて時間反転操作および時間反転操作と点群の対称操作を同時に行う操作(例えば時間反転した後に2回回転など)よりなる群を**磁気点群**と呼ぶ．磁気点群により磁気秩序した状態の対称性を分類できる．

　例えば，点群$4/mmm$の結晶において強磁性秩序が生じた場合を考えてみよう．この点群は正方晶であり，z方向に4回回転対称性があり，x, y軸や$[110]$軸，$[1\bar{1}0]$軸に2回回転対称性を持ち，さらにx, y, z軸に垂直な三つの面で鏡映対称性がある．この結晶において強磁性秩序が発現し，z軸に平行に磁化が生じたとする．そうすると，時間反転を施すと磁気モーメントが反転するので，時間反転対称性が破れた状態となる．また，z軸に垂直な2回回転対称性はなくなる．さらに，第1章で述べた軸性ベクトルの性質を考慮すると，z軸に垂直な鏡映対称性はあるが，x軸，y軸に垂直な鏡映対称性もなくなる．これらの強磁性の発現によって破れた対称操作は，時間反転対

38　第 3 章　磁性誘電体中の電気磁気相関

称操作と共に操作すると磁気秩序と結晶構造を不変に保つ対称性となる. 例えば, x 軸周りの 2 回転をすると, 強磁性磁化は反転するが時間反転操作をさらに行えば, 強磁性磁化が元に戻ることになる. x 軸に垂直な鏡映でも同様なことが起こる. このような磁気点群は, $4/mm'm'$ と呼ばれる. m' の「$'$」は時間反転を表し, 鏡映操作 m と時間反転操作の両方を行う対称操作で不変になるという意味である.

　磁性がない結晶では, 物性テンソルが結晶点群に属する対称操作で不変にならなくてはならないというノイマンの原理があったが, 磁気秩序した状態においては磁気点群によって物性テンソルが決まる. このことを議論するために, まずテンソルに対する時間反転操作を考えよう. 時間反転に関して, テンソルは 2 種類に分けることができる. すなわち, 時間反転に対して不変な i テンソルと時間反転に対して符号を変える c テンソルである. 例えば, 1 階および 2 階の極性 c テンソルは時間変換を含む対称操作に対して

$$T_j^{'} = - \sum a_{ji} T_i \tag{3.1}$$

$$T_{kl}^{'} = - \sum a_{ki} a_{lj} T_{ij} \tag{3.2}$$

のように変換する. ここで, a_{ji} は対称操作から時間反転を除いた操作に対応する行列要素であり, 時間反転のために式 (1.26), 式 (1.28) に比べてマイナス符号が右辺の最初に付いている. 位置や電場などは時間反転に対して不変なので i テンソル, 運動量や磁化, 磁場などは c テンソルとなる. 重要なことは, 物性テンソルにおいても i テンソルと c テンソルがあるということである. 時間反転 $1'$ に対して対称になる非磁性物質においては物性テンソルは必ず i テンソルであるが, 時間反転対称性が破れれば c テンソルの物性テンソルも許される.

　一例として, $4/mm'm'$ における誘電テンソルを考えてみよう. 誘電率テンソルは $P = \epsilon E$ の関係の係数である. この関係は, 直流のみならず光応答のような高周波でも有効であり, 簡単な場合, 電磁波の屈折率が $n = \sqrt{\epsilon}$ のような関係を満たす. 直流の誘電応答の場合には, 誘電率は時間反転に対して符号は変えないが, 高周波応答を考えると時間反転に対して符号を変える c テンソル成分が存在してもよい.

　まず, 時間反転とは関係のない z 軸周りの 4 回回転対称性および z 軸に垂直な面での鏡映対称性を考慮すると, 誘電率テンソルの形は

$$\begin{pmatrix} \epsilon_{xx} & \epsilon_{xy} & 0 \\ -\epsilon_{xy} & \epsilon_{xx} & 0 \\ 0 & 0 & \epsilon_{zz} \end{pmatrix} \tag{3.3}$$

のようになる. さらに, x 面での m' を考えてみよう. i テンソルだと仮定すると, 時間反転がない m を考えればよいので

$$\begin{pmatrix} -1 & 0 & 0 \\ 0 & 1 & 0 \\ 0 & 0 & 1 \end{pmatrix} \begin{pmatrix} \epsilon_{xx} & \epsilon_{xy} & 0 \\ -\epsilon_{xy} & \epsilon_{xx} & 0 \\ 0 & 0 & \epsilon_{zz} \end{pmatrix} \begin{pmatrix} -1 & 0 & 0 \\ 0 & 1 & 0 \\ 0 & 0 & 1 \end{pmatrix} \tag{3.4}$$

$$= \begin{pmatrix} \epsilon_{xx} & -\epsilon_{xy} & 0 \\ \epsilon_{xy} & \epsilon_{xx} & 0 \\ 0 & 0 & \epsilon_{zz} \end{pmatrix} = \begin{pmatrix} \epsilon_{xx} & \epsilon_{xy} & 0 \\ -\epsilon_{xy} & \epsilon_{xx} & 0 \\ 0 & 0 & \epsilon_{zz} \end{pmatrix}$$

が要請される. したがって $\epsilon_{xy} = 0$ となり, i テンソルの誘電率テンソルの形は

$$\begin{pmatrix} \epsilon_{xx} & 0 & 0 \\ 0 & \epsilon_{xx} & 0 \\ 0 & 0 & \epsilon_{zz} \end{pmatrix} \tag{3.5}$$

のようになる. 一方で, c テンソルだと仮定すると

$$- \begin{pmatrix} -1 & 0 & 0 \\ 0 & 1 & 0 \\ 0 & 0 & 1 \end{pmatrix} \begin{pmatrix} \epsilon_{xx} & \epsilon_{xy} & 0 \\ -\epsilon_{xy} & \epsilon_{xx} & 0 \\ 0 & 0 & \epsilon_{zz} \end{pmatrix} \begin{pmatrix} -1 & 0 & 0 \\ 0 & 1 & 0 \\ 0 & 0 & 1 \end{pmatrix} \tag{3.6}$$

$$= \begin{pmatrix} -\epsilon_{xx} & \epsilon_{xy} & 0 \\ -\epsilon_{xy} & -\epsilon_{xx} & 0 \\ 0 & 0 & -\epsilon_{zz} \end{pmatrix} = \begin{pmatrix} \epsilon_{xx} & \epsilon_{xy} & 0 \\ -\epsilon_{xy} & \epsilon_{xx} & 0 \\ 0 & 0 & \epsilon_{zz} \end{pmatrix}$$

が要請されるので, $\epsilon_{xx} = \epsilon_{zz} = 0$ となり, c テンソルの誘電率の形は

$$\begin{pmatrix} 0 & \epsilon_{xy} & 0 \\ -\epsilon_{xy} & 0 & 0 \\ 0 & 0 & 0 \end{pmatrix} \tag{3.7}$$

となる. つまり, 点群 $4/mmm$ において z 軸方向に自発磁化が現れると, 誘電率テン

40　第3章　磁性誘電体中の電気磁気相関

ソルには，c テンソル成分として非対角成分が現れる．これにより，直線偏光が入射すると，偏光方向が磁化に依存して回転することになる．これは，強磁性におけるファラデー効果にほかならない．このように，磁気秩序状態を磁気点群によって分類すると，c テンソルと i テンソルが，それぞれどのような形状となるかが対称性上分類できる．磁気点群の一覧および対応するテンソルの一覧は，文献にまとめられている（Birss[17]）．

3.2　時間反転・空間反転対称性の破れと電気磁気効果

3.1 節で述べた磁気対称性の知識をもとに，電気磁気効果と呼ばれる現象について考えよう．物質中において，電磁場に対する通常の応答は，電場 E によって誘電分極 P が変化したり，磁場 H によって磁化 M が変化したりするものである．一方，**電気磁気効果**とは E によって M が変化する，もしくは，H によって P が変化する効果である．線形な電気磁気効果は

$$\Delta M_i = \alpha_{ji} E_j \tag{3.8}$$

$$\Delta P_i = \alpha_{ij} H_j \tag{3.9}$$

と表される．電場による磁化変化，磁場による電気分極変化の二つの関係の係数は α_{ij} と α_{ji} と互いに転置になっている．これは，電気磁気効果が，電場磁場の積に比例した自由エネルギーの項 $\Delta F_{\mathrm{ME}} = -\alpha_{ij} E_i H_j$ に由来しているためであり，熱力学より得られる $M = -\frac{\partial F}{\partial H}$ や $P = -\frac{\partial F}{\partial E}$ の関係から上式が導かれる．M_i や H_i は軸性 c ベクトル（一次テンソル），E_i や P_i は極性 i ベクトルなので，α_{ij} は二階の軸性 c テンソルと言うことになる．第 1 章で述べたように，二階の軸性テンソルが有限になるためには，空間反転対称性の破れが必要で，c テンソルが有限になるためには時間反転対称性の破れが必要である．つまり電気磁気効果が存在するためには，時間反転対称性と空間反転対称性が同時に破れている必要がある．このような条件を満たす物質の一つの例は，反強磁性体 Cr_2O_3 である．この物質は，Fe_2O_3 と同様に点群 $\bar{3}m$ のコランダム構造（図 2.10）を有している．低温では，**図 3.1** に示したように Fe_2O_3 とは少し異なる反強磁性磁気構造が発現する．この反強磁性構造においては，結晶の空間反転中心周りで反転したり，c 軸を含む面で鏡映したりすると磁気モーメントが逆転し，合わせて時間反転を施したときに，磁気構造が元に戻る対称性がある．このこ

3.2 時間反転・空間反転対称性の破れと電気磁気効果 41

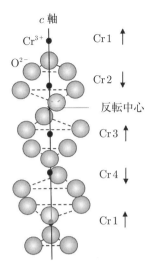

図 3.1 Cr_2O_3 における磁気構造.

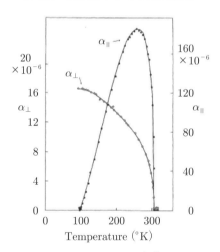

図 3.2 Cr_2O_3 における電気磁気効果(Folen ら[18]). $\alpha_{||}$ が α_{zz} に対応し,$\alpha_\perp$ が $\alpha_{xx} = \alpha_{yy}$ に対応する.

とから,磁気点群 $\bar{3}'m'$ を有することがわかる.この磁気点群においては,二階の軸性 c テンソル α_{ij} は,$\alpha_{xx} = \alpha_{yy}, \alpha_{zz}$ のみが非零の値を持ち得る.これらのテンソル成分は,図 3.2 に示すように,実際に観測されている.

42 第3章 磁性誘電体中の電気磁気相関

3.3 逆ジャロシンスキー–守谷相互作用による磁気誘起強誘電性

初期に観測されていた電気磁気効果は，外場に比例した比較的小さな効果であったが，2003年に$TbMnO_3$において磁気転移と共に強誘電性が発現する**磁気誘起強誘電性（マルチフェロイクス）**が観測された[19]．マルチフェロイクスとは，本来は，複数（multi-）な強（ferro-）的秩序，例えば強誘電性，強磁性，強弾性などの共存と言う意味である．しかし最近では，強誘電性と磁性との共存や磁気誘起強誘電性に用いられることが多い．

図3.3に$TbMnO_3$における磁化，比熱，X線散乱から見た変調波数，誘電率，および電気分極の温度依存性を示す．磁化や比熱において42 K，27 K，および7 Kに異常が見られ，磁気相転移が起きていることがわかる．$TbMnO_3$は，Tbの$4f$軌道が持つ磁気モーメントとMnの$3d$軌道が持つ磁気モーメントの二種類の磁気モーメントがあるが，42 K，27 KはMnの磁気モーメントに関する転移であり，7 KがTbの磁気モーメントの転移であることがわかっている．特に27 Kの磁気転移においては，c軸方向に誘電率に鋭いピークが生じ，自発分極が発生している．すなわち，この磁気転移と共に強誘電転移を示しているのである．中性子散乱の研究により，これらの温度領域における詳細な磁気構造が明らかになった[20, 25]．**図3.4**に示したのは，磁気構造解析により得られた$(Tb, Dy)MnO_3$における磁気構造であるが，$TbMnO_3$においてもほぼ同様な磁気構造が実現されていると考えられている．27 K以上42 K以下では図3.4（下）のようにMn磁気モーメントの大きさが長周期で変調している磁気構造を取るが，図3.4（右下）に示したようにすべての磁気モーメントを重ね合わせるとほぼ一直線になる共線的な磁気構造である．一方で，27 K以下ではMn磁気モーメントが楕円を描くサイクロイド型（らせんを描く面が磁気変調ベクトルと平行なもの）のらせん磁気構造を示していることがわかる．つまり，このサイクロイド型らせん磁気構造が強誘電性を示しているのである．

このようならせん磁気構造における強誘電性の起源は，**ジャロシンスキー–守谷(DM)相互作用の逆効果**で理解できる[22, 23]．これを理解するために，**図3.5**のような，二つの磁気モーメントを持つMnイオンの間に酸素OイオンがあるMn_2Oクラスターを考えよう．最初Oイオンは二つのMnイオンの中点にあるとする．このとき，Oイオン周りで空間反転対称性があるのに加えて，直線Mn–O–Mn周りのあらゆる回転

3.3 逆ジャロシンスキー–守谷相互作用による磁気誘起強誘電性

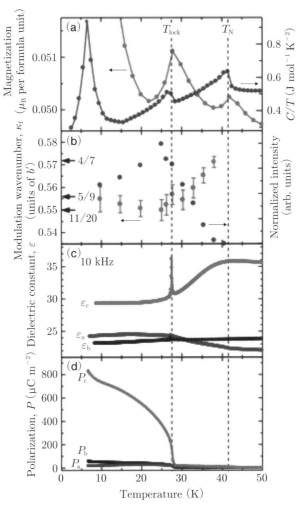

図 3.3 TbMnO$_3$ における磁気誘起強誘電性(Kimura ら[19]).

対称性があり，直線を含むあらゆる面で鏡映対称性もあるとしよう．そして，O イオンが中点から $\delta r = (\delta x, \delta y, \delta z)$ だけずれたときに，どのように Mn イオンの持つ磁気モーメント S_1, S_2 間にジャロシンスキー–守谷相互作用 $D(\delta r)\cdot(S_1 \times S_2)$ が現れるかを，第 2 章で述べたジャロシンスキー–守谷相互作用の対称性の規則をもとに考

44　第 3 章　磁性誘電体中の電気磁気相関

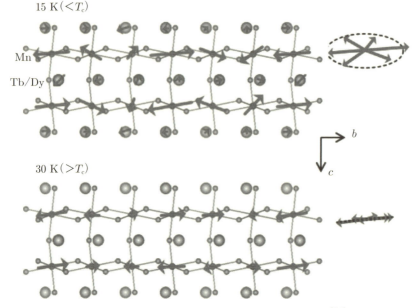

図 3.4　(Tb, Dy)MnO$_3$ における磁気構造(Arima ら[21]).

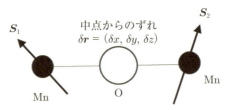

図 3.5　Mn$_2$O クラスターにおける逆ジャロシンスキー–守谷効果.

えよう．ただし，直線 Mn–O–Mn の方向を x 軸とする．$\delta r = (\delta x, 0, 0)$ だけずれたときには，直線 Mn–O–Mn 周りの回転対称性が保たれているので，D は x 軸に平行であるが，直線を含む面での鏡映対称性が保たれているため $D \perp$ 鏡映面であるから，$D = 0$ となる．一方，$\delta r = (0, \delta y, 0)$ のときは，xy 面が鏡映面であることなどから D は z 軸に平行，$\delta r = (0, 0, \delta z)$ のときは，y 軸に平行となる．x 軸周りの回転対称性も考慮すると，ジャロシンスキー–守谷ベクトルが $D = \gamma(0, -\delta z, \delta y)$ のような形で書けることが期待される．このような関係をもとに，S_1, S_2 が与えられたときに最

3.4 その他の磁気誘起強誘電機構：交換歪機構とスピン依存混成機構 **45**

初 Mn イオンの中点にあった O イオンがジャロシンスキー–守谷相互作用の逆効果によりどのようにずれて δr を生じるか考えよう．弾性エネルギー $\frac{\kappa}{2}(\delta x^2 + \delta y^2 + \delta z^2)$ とジャロシンスキー–守谷相互作用 $-\gamma\delta z(\boldsymbol{S}_1 \times \boldsymbol{S}_2)_y + \gamma\delta y(\boldsymbol{S}_1 \times \boldsymbol{S}_2)_z$ の和を最小とする酸素位置は $\delta r = (0, -\frac{\gamma}{\kappa}(\boldsymbol{S}_1 \times \boldsymbol{S}_2)_z, \frac{\gamma}{\kappa}(\boldsymbol{S}_1 \times \boldsymbol{S}_2)_y)$ となる．これが誘起される電気双極子に比例したベクトルになる．

この議論を一般化すると次のようになる．二つの原子サイト i, j に二つの磁気モーメント $\boldsymbol{S}_i$, $\boldsymbol{S}_j$ があるときの逆ジャロシンスキー–守谷機構の電気双極子 $\boldsymbol{p}$ の表式は

$$\boldsymbol{p} = \lambda \boldsymbol{e}_{ij} \times (\boldsymbol{S}_i \times \boldsymbol{S}_j) \tag{3.10}$$

となる．ここで，$\boldsymbol{e}_{ij}$ は i サイトと j サイトを結ぶベクトルであり，λ は定数である．らせん磁気構造の場合，$\boldsymbol{S}_i \times \boldsymbol{S}_j$ は磁気モーメントがらせんを描く面（らせん面）の法線方向であるので，らせんが進む伝搬ベクトル $\boldsymbol{Q}$ 方向 ($\|\boldsymbol{e}_{ij}$) とらせん面が平行なサイクロイド型の場合には確かに有限な電気双極子が発生することがわかる．この議論は，格子変形をもとにした Sergienko と Dagotto [23] の結果にならったものであるが，電子的な誘電分極の計算からも同様な表式が得られる [22]．

3.4 その他の磁気誘起強誘電機構：交換歪機構とスピン依存混成機構

3.4.1 交換歪

上記の逆ジャロシンスキー–守谷機構が，磁気誘起強誘電性のメカニズムのうち最もよく知られたものであるが，違うメカニズムでスピンの整列による強誘電性が生じることもある．逆ジャロシンスキー–守谷機構の議論では，ジャロシンスキー–守谷相互作用が酸素イオンの位置に依存することにより，磁気構造によって誘起される電気双極子が導かれた．原子位置に依存するのはジャロシンスキー–守谷相互作用だけでなく，$J\boldsymbol{S}_i \cdot \boldsymbol{S}_j$ のように，スピンの内積で表される通常の磁気相互作用も一般に距離に依存し，距離が近いほど強くなる．結果として，$\boldsymbol{S}_i \cdot \boldsymbol{S}_j$ に依存した歪が生じることがある．このような効果を**交換歪**と言う．交換歪は磁気秩序が起これればどんな磁気秩序状態でも存在するが，対称性がある程度高ければ電気分極が生じることはない．例えば，磁性イオンが等間隔に並ぶ対称性のよい一次元的な系において，上向きの磁気モーメントと下向きの磁気モーメントが互い違いに整列する反強磁性状態を考えてみよう．上

向き磁気モーメントの最近接には二つの下向きの磁気モーメントがあり，交換歪の効果が起こってもこの二つの磁気モーメントからの効果が互いに打ち消し合い，一様な体積変化以上の効果は起こらない．しかしながら，格子の対称性が低い系や複数の磁性イオンから構成されている系においては，交換歪によって強誘電性が発現し得る．

その例として $DyFeO_3$ を紹介しよう[24]．この物質は，Dy と Fe が磁気モーメントを持っていて，低温強磁場で図 3.6 のような磁気構造を示す．Fe と Dy はそれぞれ面内で強磁性的に整列しており，Fe サイトだけもしくは Dy サイトだけに着目すると面間方向には磁気モーメントの方向が互い違いに整列している．Fe 層の磁気モーメントと Dy 層の磁気モーメントの関係を簡単化したものを図 3.6(右)に示しているが，ある Fe 層と最近接の二つの Dy 層を見ると，一つは強磁性的，もう一つは反強磁性的になっている．この場合，反強磁性的か強磁性的かで交換歪の効果は違うので，上下の対称性が破れて有限の強誘電分極が発生することが期待される．Dy もしくは Fe の

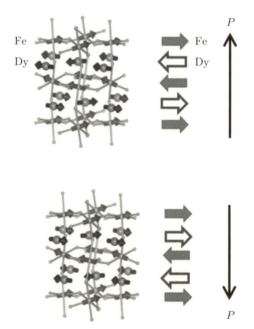

図 3.6 $DyFeO_3$ における磁気誘起強誘電性．磁気構造の図は Tokunaga ら[24] より引用．

3.4 その他の磁気誘起強誘電機構：交換歪機構とスピン依存混成機構　47

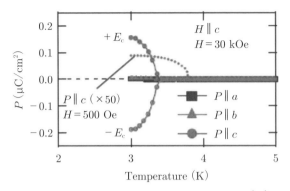

図 3.7　DyFeO$_3$ における電気分極の温度依存性(Tokunaga ら[24])．30 kOe におけるデータが図 3.6 で示した強誘電性を表すものである．

磁気モーメントを反転させると，上下二つの近接する Dy 層–Fe 層の関係のうちどちらが強磁性的かといった関係が逆になるので，強誘電分極が逆になるだろう．実際このような強誘電分極が実験で観測されている(図 3.7)．

3.4.2　スピン依存混成機構

最後に，スピン依存混成機構と呼ばれる磁気強誘電性のメカニズムを紹介しよう．磁性体の多くは磁性元素とその周りに存在する酸素などの配位子で構成されている．例えば，鉄酸化物の場合，鉄イオンは 2+ や 3+ などの形式的な価数を取り，その周

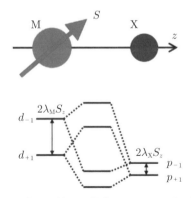

図 3.8　磁性遷移金属元素と配位子の混成におけるスピン軌道相互作用の影響 (Arima[25])．

48　第3章　磁性誘電体中の電気磁気相関

りに2−の価数を取るとされる酸素イオンが配位している．しかし，厳密に言えばこれらの価数は磁性元素と配位子の軌道混成によって影響を受ける．軌道間の重なり積分を t_{dp}，エネルギー差を Δ としたとき，混成により t_{dp}^2/Δ 程度の軌道の混成があり，価数が形式的な値からずれるのである．ここで重要なことは，図 3.8 のように遷移金属元素が磁性を持っている場合には，スピン軌道相互作用によってエネルギー差が変調を受けることになり，磁気モーメントの向きによって混成の度合いが異なるようになることである．その結果，配位子の電荷量にスピン方向と結合方向のなす角 θ を用いて $\cos^2\theta$ のような変調が現れる[25]．遷移金属から i 番目の配位子を結ぶ単位ベクトルを e_i と表すとき，$\cos^2\theta \propto (e_i \cdot S)^2$ なので，配位子と遷移金属による電気双極子には，$(e_i \cdot S)^2 e_i$ に比例するスピン依存項が生じる．したがって，一つの遷移金属にいくつかの配位子が配位しているときには，遷移金属と配位子からなるクラスターが持つ電気双極子に $\sum_i (e_i \cdot S)^2 e_i$ に比例する寄与が現れる．

　このようなスピン依存軌道混成による強誘電分極発現機構は，図 3.9 のような，遷移金属と四面体位置に配位した四つの酸素からクラスターにおいて有効に働く[5, 26]．ここでは，e_i は，$[111], [\bar{1}\bar{1}1], [1\bar{1}\bar{1}], [\bar{1}1\bar{1}]$ の四つの方向を向いている．スピンが $[110]$ 方向を向いているときには，$\sum_i (e_i \cdot S)^2 e_i$ に比例する電気双極子が z 方向に向き，180度スピンを回転しても電気双極子は変化しないが，90度回転してスピンが $[1\bar{1}0]$ 方向に向いているときには，$[110]$ に向いた場合とは逆方向を向く．$[100]$ もしくは $[010]$ 方向に向いたときには電気双極子は生じない．このように，図 3.9 のような四面体クラスターでは電気双極子がスピン方向の大きな依存性を示す．

　このような四面体配位におけるスピン軌道混成機構の実際の例として $Ba_2XGe_2O_7$

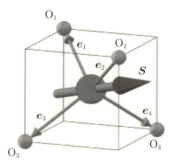

図 3.9　磁性遷移金属元素の周りに四面体状に配位した酸素イオン（Murakawa ら[26]）．

3.4 その他の磁気誘起強誘電機構：交換歪機構とスピン依存混成機構　49

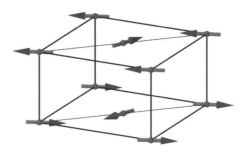

図 3.10　$Ba_2MnGe_2O_7$ の磁気構造（Murakawa ら[5]）.

(X=Mn,Co) がある[5, 26]．この物質は，対称性の例として第 1 章で取り上げたものある．結晶構造は図 1.6 に示されており，頂点共有した XO_4, GeO_4 の四面体および隙間にある Ba イオンからなる．中央と端の XO_4 四面体は傾いている角度が異なっており，これらを含んだ二次元層は位置を変えずに積み重なっている．この結晶構造は，空間群 $P\bar{4}2_1m$，点群 $\bar{4}2m$ の対称性を持つ．

X=Mn の場合は，図 3.10 のように面内でほぼ互い違いの反強磁性であるが，ジャロシンスキー-守谷相互作用の影響でわずかに傾き強磁性成分を持っており，面間にも互い違いに整列する磁気構造を示す．ただし，この場合ジャロシンスキー-守谷相互作用の影響は極めて弱く，後の議論では無視する．この物質は，容易面磁気異方性を持っており，磁気モーメントは面内のどの方向でも比較的自由に向きやすいが，面間方向には向きにくい性質を持っている．

面内のある方向に弱い磁場を印加した場合には，図 3.11(c) の上の図のように，磁気モーメントはほぼ磁場に垂直に向くがわずかに磁場方向に傾いた構造となる．この物質のように面内の磁気異方性が小さい場合には，面内で磁場を回転すると磁場との相対角度を保ったまま磁気モーメントも回転することになる．実際，図 3.11(a) に示すように，磁化曲線は面内の方向によらない．しかしながら，電気分極は面内の磁場方向に大きく依存する．電気分極が磁場の方向や大きさにどのように依存するかを示したのが図 3.11(b) である．低磁場においては $H||[110]$ 方向に印加すると正の電気分極，90 度方向が異なる $H||[1\bar{1}0]$ 方向に印加すると負の電気分極が現れ，これらは磁場反転に対して符号を変えない．一方，$H||[100]$ では，電気分極はゼロになる．このような磁場方向依存性は上で述べた四面体クラスターと同じであり，スピン依存混成機構が働いていることが示唆される．磁場を大きくしていくと，図 3.11(c) のように，

50　第 3 章　磁性誘電体中の電気磁気相関

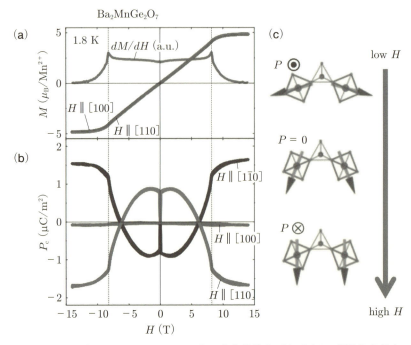

図 3.11　(a), (b)Ba$_2$MnGe$_2$O$_7$ における磁化曲線と電気分極の磁場依存性(Murakawa ら[5])．(c) 面内に磁場を印加した際の磁気構造変化．

磁気モーメントが磁場の方向に傾いていき，やがて磁場の方向に完全に向く．磁化曲線にもその傾向が現れており，初め磁化が磁場に比例して増えていくが，8 T 付近で飽和する．重要なことは，電気分極がこのような磁化の飽和過程で符号反転を起こすということである．弱磁場から強磁場へ磁場が強くなっていく過程で磁気モーメントは 90 度回転しており，この過程での符号反転も上の四面体クラスターモデルで定性的に説明することができる．

スピン軌道混成機構による電気分極がどのように計算されるか述べておこう．この結果は，第 6 章で Ba$_2$MnGe$_2$O$_7$ のマグノン励起における動的電気磁気効果について議論する際にも用いる．図 1.6 の結晶構造を見ると，MnO$_4$ 四面体は中央にあるものと端にあるものの 2 種類がある．それを a, b で区別する．一方で，反強磁性磁気構造も図 3.10 のように 2 種類の副格子があり，それを $\bm{S}_A = (S_A^x, S_A^y, S_A^z), \bm{S}_B = (S_B^x, S_B^y, S_B^z)$ のように区別しよう．一つの層だけを見ると，例えば，四面体 a に $\bm{S}_A$，b に $\bm{S}_B$ のよ

3.4 その他の磁気誘起強誘電機構：交換歪機構とスピン依存混成機構 51

うにスピンと四面体が対応している．しかしながら，結晶構造は同じ二次元層が積層している構造になっているが，スピンは層間で反強磁性的に結合しているため，スピンと四面体の関係は層ごとに入れ換わっている．四面体 a の配位子の方向の単位ベクトル $\boldsymbol{e}_{ai}$ $(i = 1, 2, 3, 4)$ が

$$\boldsymbol{e}_{a1} = (d, f, l) \tag{3.11}$$

$$\boldsymbol{e}_{a2} = (-d, -f, l) \tag{3.12}$$

$$\boldsymbol{e}_{a3} = (-f, d, -l) \tag{3.13}$$

$$\boldsymbol{e}_{a4} = (f, -d, -l) \tag{3.14}$$

のように書くことができる．実際の $Ba_2MnGe_2O_7$ の結晶構造では $d = 0.33487$, $f = 0.75903$, $l = 0.55833$ となっている．このとき $\boldsymbol{e}_{bi}$ $(i = 1, 2, 3, 4)$ は

$$\boldsymbol{e}_{b1} = (f, d, l) \tag{3.15}$$

$$\boldsymbol{e}_{b2} = (-f, -d, l) \tag{3.16}$$

$$\boldsymbol{e}_{b3} = (-d, f, -l) \tag{3.17}$$

$$\boldsymbol{e}_{b4} = (d, -f, -l) \tag{3.18}$$

となる．電気分極は

$$\boldsymbol{P} \propto \sum_{i=a,b} \sum_{j=1}^{4} \left((\boldsymbol{e}_{ij} \cdot \boldsymbol{S}_{\mathrm{A}})^2 \boldsymbol{e}_{ij} + (\boldsymbol{e}_{ij} \cdot \boldsymbol{S}_{\mathrm{B}})^2 \boldsymbol{e}_{ij} \right) \tag{3.19}$$

$$\propto (S_{\mathrm{A}}^y S_{\mathrm{A}}^z + S_{\mathrm{B}}^y S_{\mathrm{B}}^z, S_{\mathrm{A}}^z S_{\mathrm{A}}^x + S_{\mathrm{B}}^z S_{\mathrm{B}}^x, S_{\mathrm{A}}^x S_{\mathrm{A}}^y + S_{\mathrm{B}}^x S_{\mathrm{B}}^y) \tag{3.20}$$

となる．面内に磁場が印加されていて，なおかつ面内の異方性が無視できるとする．このとき，磁場方向を x 方向に取る座標系では，磁気構造は

$$\boldsymbol{S}_{\mathrm{A}} = (S_{\mathrm{F}}, S_{\mathrm{AF}}, 0) \tag{3.21}$$

$$\boldsymbol{S}_{\mathrm{B}} = (S_{\mathrm{F}}, -S_{\mathrm{AF}}, 0) \tag{3.22}$$

と書くことができる．$H \| [100]$ の場合には，この関係を式 (3.20) に代入すると，電気分極が消失することがわかる．一方で，$H \| [110]$ の場合には，座標系を z 軸周りに 45 度回転し磁場が x' 軸方向に向いた $x'y'z$ 座標系におけるスピン $\boldsymbol{S}'_{\mathrm{A}} = (S_{\mathrm{A}}^{x'}, S_{\mathrm{A}}^{y'}, S_{\mathrm{A}}^{z'})$, $\boldsymbol{S}'_{\mathrm{B}} = (S_{\mathrm{B}}^{x'}, S_{\mathrm{B}}^{y'}, S_{\mathrm{B}}^{z'})$ で式 (3.20) を記述すると，電気分極の z 成分は

52 第3章 磁性誘電体中の電気磁気相関

$$P^z \propto S_A^x S_A^y + S_B^x S_B^y \propto (S_A^{y'})^2 - (S_A^{x'})^2 + (S_B^{y'})^2 - (S_B^{x'})^2 \tag{3.23}$$

と記述されるので，式 (3.21), (3.22) を代入して

$$P^z \propto S_{\mathrm{AF}}^2 - S_{\mathrm{F}}^2 \tag{3.24}$$

となる．したがって，$H\|[110]$ で電気分極が有限であり，磁場を印加し強磁性的な成分が増えれば符号反転することもわかる．このように，簡単なモデルで電気分極の磁場依存性が定性的に理解できる．

4

第4章

遍歴電子と遍歴磁性

第2章，第3章では，主に絶縁体における磁性と電気磁気効果に関して述べた．以降では，金属系における磁性と伝導の相関について述べるが，その基礎として，本章では，金属系における電気伝導と遍歴磁性の基礎的な事項について述べる．これらに関するより詳しい内容は，固体物理の代表的な教科書(Ziman[27]，アシュクロフトとマーミン[28]，キッテル[29])や磁性の教科書(芳田[7]，白鳥と近[8]，安達[30])などを参照してほしい．

4.1　結晶中のブロッホ波とバンド構造

金属中の 10^{23} 個もある電子を厳密に取り扱うことは不可能であり，結晶の基本並進ベクトル $R_l = n_1 a_1 + n_2 a_2 + n_3 a_3 (n_1, n_2, n_3$ は整数$)$ と同じ周期性を持つ周期的なポテンシャル $V_{\mathrm{eff}}(r + R_l) = V_{\mathrm{eff}}(r)$ 中にある独立な電子として取り扱う近似が有効である．これは，周りにある個々の電子の影響を平均化し結晶格子の振動なども無視しており，例えば，電子同士が非常に近くなったときなどは明らかに破綻する．このような一体近似から外れた効果は，確率 $1/\tau$ の散乱(もしくは時間 τ の寿命)として取り入れることとなる．このような近似の下では，電子はハミルトニアン

$$H = -\frac{\hbar^2}{2m}\nabla_i^2 + V_{\mathrm{eff}}(r_i) \tag{4.1}$$

における1電子問題となる．このハミルトニアンの固有波動関数は，周期関数 $u_k(r + R_l) = u_k(r)$ を用いて

$$\psi(r) = e^{ik\cdot r}u_k(r) \tag{4.2}$$

と表される**ブロッホ波**となることがブロッホの定理より示されている．ブロッホの定理の証明等は，固体物理学の教科書[27–29] を参照してもらうとして，ここでは，その物理的な意味について言及しておこう．**図4.1** に自由電子とブロッホ波を比較した図を示す．自由電子は，$e^{ik\cdot r}$ のような平面波を波動関数としている．この実部だけを

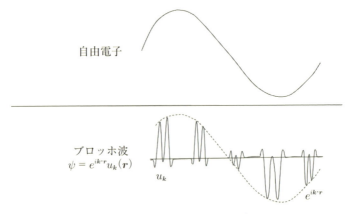

図 4.1 自由電子とブロッホ波.

示すとすれば，$\cos \boldsymbol{k} \cdot \boldsymbol{r}$ のような三角関数で表される．ブロッホ波はそこに周期関数 $u_{\boldsymbol{k}}(\boldsymbol{r})$ が重畳されているものと考えることができる．**強く束縛された電子の近似** (tight-binding model) が成り立つような場合には，$u_{\boldsymbol{k}}(\boldsymbol{r})$ は原子軌道が結晶の周期で並んだものとみなせる．つまり，ブロッホ波は原子軌道が波数 $\boldsymbol{k}$ で緩やかに変調されて波の性質を獲得したものととらえられる．さて，このようなブロッホ波の固有エネルギーは，波数 $\boldsymbol{k}$ の関数としていた連続準位 $\epsilon(\boldsymbol{k})$ とエネルギーギャップの繰り返しである．自由電子の場合のエネルギーは連続準位で原子軌道は離散準位であるので，ブロッホ波が自由電子と原子軌道の性質を合わせて備えていることが，エネルギーにも反映されていると理解できる．

4.2 バンド電子波束の運動方程式

次に，このようなブロッホ状態がどのように電子の輸送特性に寄与するかを考えてみよう．金属中のブロッホ電子は，多くの場合には，**図 4.2** のような位置と波数の広がりが小さい古典波束とみなすことができる．つまり，半古典的なブロッホ波束は，位置 $\boldsymbol{r}$ と運動量 $\hbar\boldsymbol{k}$ を同時に有するものとして扱うことができる．外場が印加されると，波束が運動し $\boldsymbol{r}$ と $\hbar\boldsymbol{k}$ が時間変化していくが，この運動は次の運動方程式に従うことが知られている．

$$\dot{\boldsymbol{r}} = \frac{1}{\hbar}\frac{\partial \epsilon}{\partial \boldsymbol{k}} \tag{4.3}$$

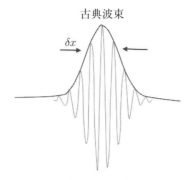

図 4.2 古典波束. δk の幅の状態が重ね合わさって位置が δx 間に局在.

$$\hbar \dot{\bm{k}} = \bm{F} \tag{4.4}$$

式 (4.3) は, $\epsilon = \hbar\omega$ とすれば, 波束の群速度の式 $v = \frac{\partial \omega}{\partial k}$ がバンド電子のブロッホ波の場合にも成り立つことを意味している. 一方で, 式 (4.4) は, $\hbar\bm{k}$ は真の意味で運動量ではないにも関わらず古典的なニュートン方程式 $\dot{\bm{p}} = \bm{F}$ と同様な式が成り立つことを示している. 以下では, このような関係が確かに成り立つことを示そう(以下の議論は Ziman の教科書[27]に従っている).

まず, ワニエ関数と呼ばれるものを導入しよう. これは, i 番目のバンドのブロッホ波 $\psi_{i\bm{k}}(\bm{r})$ に対して

$$\psi_{i\bm{k}}(\bm{r}) = \frac{1}{\sqrt{N}} \sum_n e^{i\bm{k}\cdot\bm{R}_n} a_i(\bm{r} - \bm{R}_n) \tag{4.5}$$

を満たす**ワニエ関数**

$$a_i(\bm{r} - \bm{R}_n) = \frac{1}{\sqrt{N}} \sum_{\bm{k}} e^{-i\bm{k}\cdot\bm{R}_n} \psi_{i\bm{k}}(\bm{r}) \tag{4.6}$$

を定義することができる.

「強く束縛された電子の近似」では, 原子軌道関数 $\phi_i(\bm{r} - \bm{R}_n)$ を用いて

$$\psi_{i\bm{k}}(\bm{r}) = \frac{1}{\sqrt{N}} \sum_n e^{i\bm{k}\cdot\bm{R}_n} \phi_i(\bm{r} - \bm{R}_n) \tag{4.7}$$

を近似的な波動関数を導入している. ワニエ関数は, この強く束縛された電子の近似における原子軌道関数に対応するものであるが, 局在状態のみならず, すべてのブロッホ状態に対して定義することができる. ワニエ関数は, 以下のような直交性がある.

56 第 4 章 遍歴電子と遍歴磁性

$$\int a_i^*(\boldsymbol{r}-\boldsymbol{R}_n)a_i(\boldsymbol{r}-\boldsymbol{R}_m)d^3\boldsymbol{r} = \frac{1}{N}\sum_{\boldsymbol{k},\boldsymbol{k}'}e^{i\boldsymbol{k}\cdot\boldsymbol{R}_n}e^{-i\boldsymbol{k}'\cdot\boldsymbol{R}_m}\int \psi_{i\boldsymbol{k}}^*(\boldsymbol{r})\psi_{i\boldsymbol{k}'}(\boldsymbol{r})d^3\boldsymbol{r}$$

$$= \frac{1}{N}\sum_{\boldsymbol{k}}e^{-i\boldsymbol{k}\cdot(\boldsymbol{R}_m-\boldsymbol{R}_n)} = \delta_{m,n} \tag{4.8}$$

次に，ブロッホ波束の時間発展を量子的に表すために，このワニエ関数を用いて外場中の電子状態を表す時間に依存する波動関数を

$$\Psi = \sum_{i,n} f_i(\boldsymbol{R}_n,t)a_i(\boldsymbol{r}-\boldsymbol{R}_n) \tag{4.9}$$

と書いたときの包絡線関数 $f_i(\boldsymbol{R}_n,t)$ のダイナミクスを考えてみよう．H^0 は，ブロッホ波 $\psi_{i\boldsymbol{k}}$ を固有状態に取る電子のハミルトニアンで，$H^0\psi_{i\boldsymbol{k}} = \epsilon_i(\boldsymbol{k})\psi_{i\boldsymbol{k}}$ を満たす．U を外部電場などによる摂動ポテンシャルとする．このとき Ψ は次のシュレディンガー方程式を満足するとしよう．

$$(H^0+U)\Psi = i\hbar\frac{\partial\Psi}{\partial t} \tag{4.10}$$

ここに式 (4.9) を代入し，$a_{i'}^*(\boldsymbol{r}-\boldsymbol{R}_m)$ を掛けて積分すると

$$\sum_{i,n}\int a_{i'}^*(\boldsymbol{r}-\boldsymbol{R}_m)(H^0+U)a_i(\boldsymbol{r}-\boldsymbol{R}_n)f_i(R_n,t)d^3\boldsymbol{r} = i\hbar\frac{\partial f_{i'}(\boldsymbol{R}_m,t)}{\partial t} \tag{4.11}$$

一方で，式 (4.6) より

$$H^0 a_i(\boldsymbol{r}-\boldsymbol{R}_n) = \frac{1}{\sqrt{N}}\sum_{\boldsymbol{k}}e^{-i\boldsymbol{k}\cdot\boldsymbol{R}_n}H^0\psi_{i\boldsymbol{k}}(\boldsymbol{r}) = \frac{1}{\sqrt{N}}\sum_{\boldsymbol{k}}e^{-i\boldsymbol{k}\cdot\boldsymbol{R}_n}\epsilon_i(\boldsymbol{k})\psi_{i\boldsymbol{k}}(\boldsymbol{r})$$

$$= \frac{1}{N}\sum_{\boldsymbol{k}}e^{-i\boldsymbol{k}\cdot\boldsymbol{R}_n}\epsilon_i(\boldsymbol{k})\sum_{l}e^{i\boldsymbol{k}\cdot\boldsymbol{R}_l}a_i(\boldsymbol{r}-\boldsymbol{R}_l)$$

$$= \sum_{l}\tilde{\epsilon}_i(\boldsymbol{R}_n-\boldsymbol{R}_l)a_i(\boldsymbol{r}-\boldsymbol{R}_l) \tag{4.12}$$

ここで，$\tilde{\epsilon}_i(\boldsymbol{R})$ は $\epsilon_i(\boldsymbol{k})$ の逆フーリエ変換で

$$\tilde{\epsilon}_i(\boldsymbol{R}) = \frac{1}{N}\sum_{\boldsymbol{k}}\epsilon_i(\boldsymbol{k})e^{-i\boldsymbol{k}\cdot\boldsymbol{R}} \tag{4.13}$$

である．

これを式 (4.11) に代入すると

$$\sum_{i,n} \int a_{i'}^*(\boldsymbol{r}-\boldsymbol{R}_m) \sum_l \tilde{\epsilon}_i(\boldsymbol{R}_n-\boldsymbol{R}_l) a_i(\boldsymbol{r}-\boldsymbol{R}_l) f_i(\boldsymbol{R}_n,t) d^3\boldsymbol{r} \qquad (4.14)$$

$$+ \int a_{i'}^*(\boldsymbol{r}-\boldsymbol{R}_m) U a_i(\boldsymbol{r}-\boldsymbol{R}_n) f_i(\boldsymbol{R}_n,t) d^3\boldsymbol{r} \qquad (4.15)$$

$$= \sum_{i,n} \big(\tilde{\epsilon}_i(\boldsymbol{R}_n-\boldsymbol{R}_m)\delta_{i,i'} + U_{i,i'}(\boldsymbol{R}_n,\boldsymbol{R}_m) \big) f_i(\boldsymbol{R}_n,t) = i\hbar \frac{\partial f_{i'}(\boldsymbol{R}_m,t)}{\partial t} \qquad (4.16)$$

となる．ここで

$$U_{i,i'}(\boldsymbol{R}_n,\boldsymbol{R}_m) = \int a_{i'}^*(\boldsymbol{r}-\boldsymbol{R}_m) U a_i(\boldsymbol{r}-\boldsymbol{R}_n) d^3\boldsymbol{r} \qquad (4.17)$$

である．

さらに，$\epsilon_i(\boldsymbol{k}) = \sum_n e^{i\boldsymbol{k}\cdot\boldsymbol{R}_n}\tilde{\epsilon}_i(\boldsymbol{R}_n)$ に微分演算子 $\boldsymbol{k} = -i\nabla$ を代入し，それを関数 $f(\boldsymbol{r})$ に作用させると

$$\begin{aligned}
\epsilon_i(-i\nabla)f(\boldsymbol{r}) &= \sum_n \tilde{\epsilon}_i(\boldsymbol{R}_n) e^{\boldsymbol{R}_n\cdot\nabla} f(\boldsymbol{r}) \\
&= \sum_n \tilde{\epsilon}_i(\boldsymbol{R}_n)\Big(1 + \boldsymbol{R}_n\cdot\nabla + \frac{1}{2}(\boldsymbol{R}_n\cdot\nabla)^2 + \cdots \Big) f(\boldsymbol{r}) \\
&= \sum_n \tilde{\epsilon}_i(\boldsymbol{R}_n) f(\boldsymbol{r}+\boldsymbol{R}_n) \qquad (4.18)
\end{aligned}$$

という関係が得られる．これにより

$$\sum_n \tilde{\epsilon}_i(\boldsymbol{R}_n-\boldsymbol{R}_m) f_i(\boldsymbol{R}_n,t) = [\epsilon_i(-i\nabla) f_i(\boldsymbol{r},t)]_{\boldsymbol{r}=\boldsymbol{R}_m} \qquad (4.19)$$

となり，式 (4.16) は

$$[\epsilon_i(-i\nabla) f_{i'}(\boldsymbol{r},t) - i\hbar\frac{\partial f_{i'}}{\partial t}]_{\boldsymbol{r}=\boldsymbol{R}_m} + \sum_{i,n} U_{i,i'}(\boldsymbol{R}_n,\boldsymbol{R}_m) f_i(\boldsymbol{R}_n,t) = 0 \qquad (4.20)$$

となる．これが包絡線関数の波動方程式である．

ここで，いくつか近似を導入する．ここで外場として念頭にあるのは，例えば電気伝導度を測定するときに，印加する外部電場などである．このような外場は，通常バンド間遷移を起こすほど強くも時間的に鋭くもない．また，格子間隔に比べて位置の

58 第 4 章 遍歴電子と遍歴磁性

関数として十分緩やかに変化する．したがって，$U_{i,i'}(\boldsymbol{R}_n, \boldsymbol{R}_m)$ の $i = i'$，$\boldsymbol{R}_n = \boldsymbol{R}_m$ 以外の行列要素は無視できるとしよう．そうすると，$U_{i,i}(\boldsymbol{R}_m, \boldsymbol{R}_m) = [U(\boldsymbol{r})]_{\boldsymbol{r}=\boldsymbol{R}_m}$ としバンドの指標 i' を省略して

$$[\epsilon_i(-i\nabla)f(\boldsymbol{r}, t) - i\hbar\frac{\partial f(\boldsymbol{r}, t)}{\partial t} + U(\boldsymbol{r})f(\boldsymbol{r}, t)]_{\boldsymbol{r}=\boldsymbol{R}_m} = 0 \tag{4.21}$$

さらに，$\boldsymbol{r} = \boldsymbol{R}_m$ を省略して

$$\epsilon_i(-i\nabla)f(\boldsymbol{r}, t) - i\hbar\frac{\partial f(\boldsymbol{r}, t)}{\partial t} + U(\boldsymbol{r})f(\boldsymbol{r}, t) = 0 \tag{4.22}$$

と書ける．

求めたいものは，半古典的なブロッホ波の波束の運動方程式であった．量子力学では，古典的なハミルトニアンから量子化するために，運動量 $\boldsymbol{p}$ を $-i\hbar\nabla$ に置き換えた．ここでは逆に $-i\nabla$ を $\boldsymbol{p}/\hbar$ で置き換える．すると，この包絡線波動の「ハミルトニアン」は

$$H = \epsilon_i(\boldsymbol{p}/\hbar) + U(\boldsymbol{r}) \tag{4.23}$$

となり，ハミルトンの運動方程式から

$$\boldsymbol{v} = \dot{\boldsymbol{r}} = \frac{\partial H}{\partial \boldsymbol{p}} = \frac{\partial}{\partial \boldsymbol{p}}(\epsilon(\boldsymbol{p}/\hbar) + U(\boldsymbol{r})) = \frac{\partial \epsilon(\boldsymbol{p}/\hbar)}{\partial \boldsymbol{p}} \tag{4.24}$$

$$\dot{\boldsymbol{p}} = -\frac{\partial H}{\partial \boldsymbol{r}} = -\nabla U(\boldsymbol{r}) \tag{4.25}$$

ここで，$\boldsymbol{p}/\hbar = \boldsymbol{k}$ とすると，**ブロッホ波の半古典運動方程式**

$$\boldsymbol{v} = \frac{1}{\hbar}\frac{\partial \epsilon(\boldsymbol{k})}{\partial \boldsymbol{k}} \tag{4.26}$$

$$\hbar\dot{\boldsymbol{k}} = -\nabla U(\boldsymbol{r}) = \boldsymbol{F} \tag{4.27}$$

が示された．この方程式における結晶運動量 $\hbar\boldsymbol{k}$ は電子の運動量とは異なっており，原子ポテンシャルなどからの力には影響されず，外場による力 $-\nabla U(\boldsymbol{r}, t)$ のみが作用していることに注意したい．電子が位置 $\boldsymbol{r}$ と波数 $\boldsymbol{k}$ を持つ古典的な波束の運動で理解できると言うことは，金属磁性体のトポロジカルな伝導を考える上で重要である．第 5 章で，ホール効果などが実空間と波数空間の両方のトポロジーの影響を受けることについて述べる．

4.3 ボルツマン輸送方程式

　今まで，主に一つの電子の運動に着目して考えてきた．結晶中の輸送特性を理解するためには，多数の電子から構成される集団の統計的性質を知る必要がある．この目的に沿った簡単な方法として，ボルツマンの輸送方程式を導入する．

　時刻 t において座標 $\boldsymbol{r}$ の近傍で，波数 $\boldsymbol{k}$ を持つ電子の密度を

$$f(\boldsymbol{r}, \boldsymbol{k}, t) \tag{4.28}$$

とする．これを用いて，電磁場や温度勾配中での定常状態(熱平衡状態ではないことに注意)を考えよう．定常状態では，この時間変化がないので $f(\boldsymbol{r}, \boldsymbol{k}, t)$ の様々な変化が釣り合って打ち消し合った状態と考えることができる．変化の一つの要因は拡散と呼ばれるもので，個々の電子が有限の群速度 $\boldsymbol{v}$ を持っているため，実空間分布が時間と共に変化していくもので

$$\left.\frac{\partial f}{\partial t}\right|_{\text{diffuse}} = -\dot{\boldsymbol{r}} \cdot \nabla_{\boldsymbol{r}} f = -\boldsymbol{v} \cdot \nabla_{\boldsymbol{r}} f \tag{4.29}$$

と書かれる．2番目の変化の要因は，外場によって電子の結晶運動量が変化するもので，電磁場からのローレンツ力が働く場合には

$$\left.\frac{\partial f}{\partial t}\right|_{\text{field}} = -\dot{\boldsymbol{k}} \cdot \nabla_{\boldsymbol{k}} f = \frac{e}{\hbar}\left(\boldsymbol{E} + \boldsymbol{v} \times \boldsymbol{B}\right) \cdot \nabla_{\boldsymbol{k}} f \tag{4.30}$$

のように表される．ここで電子の電荷を $-e \, (e > 0)$ としてあることに注意しよう．

　3番目の要因は，散乱である．散乱とは，電子同士の衝突やフォノンとの衝突，および不純物など，ブロッホ波の導入の際に仮定した平均化された周期的なポテンシャルから外れた擾乱が起こったときに，一つのブロッホ状態から他のブロッホ状態へ遷移することである．エネルギーが変化しない場合(弾性散乱)に限れば，散乱による f の変化は

$$\left.\frac{\partial f}{\partial t}\right|_{\text{scatter}} = \int (f(\boldsymbol{k}', \boldsymbol{r}, t)(1 - f(\boldsymbol{k}, \boldsymbol{r}, t)) - f(\boldsymbol{k}, \boldsymbol{r}, t)(1 - f(\boldsymbol{k}', \boldsymbol{r}, t))) Q(\boldsymbol{k}, \boldsymbol{k}') d^3 \boldsymbol{k}'$$

$$\tag{4.31}$$

となる．$Q(\boldsymbol{k}, \boldsymbol{k}')$ は k から k' への遷移確率で，k' から k へのものと等しい．定常状態では，これらの変化が釣り合い

60 第4章 遍歴電子と遍歴磁性

$$\frac{\partial f}{\partial t}\Big|_{\text{diffuse}} + \frac{\partial f}{\partial t}\Big|_{\text{field}} + \frac{\partial f}{\partial t}\Big|_{\text{scatter}} = 0 \tag{4.32}$$

となる.

ここで，定常状態の分布は熱平衡状態からそんなにずれていないとして，分布関数 $f_{\boldsymbol{k}}$ を

$$f_{\boldsymbol{k}} = f^0 + g_{\boldsymbol{k}} \tag{4.33}$$

と置く．f^0 は熱平衡状態の分布関数で，フェルミ分布関数

$$f^0 = \left[e^{\frac{\epsilon-\mu}{k_{\text{B}}T}} + 1 \right]^{-1} \tag{4.34}$$

である．ただし，μ は化学ポテンシャルである．さらに厳密な取り扱いは難しい散乱項を簡単化する近似を導入しよう．散乱過程における電子と他の電子やフォノンとの相互作用が，電子を熱平衡状態へ戻す役割をしていることに着目して，次のような現象論的な関係を導入しよう．

$$\frac{\partial g_{\boldsymbol{k}}}{\partial t}\Big|_{\text{scatter}} = -\frac{g_{\boldsymbol{k}}}{\tau} \tag{4.35}$$

これは，$t=0$ で $g_{\boldsymbol{k}} \neq 0$ としたときに，外場や温度分布がないときには

$$g_{\boldsymbol{k}} = g_{\boldsymbol{k}}(0)\exp(-t/\tau) \tag{4.36}$$

のように時間変化して熱平衡状態に漸近することを要請するものである．

式 (4.32) に式 (4.29)，(4.30)，(4.35) を代入し，さらに，$\nabla_{\boldsymbol{k}}g_{\boldsymbol{k}}$ や $\nabla_{\boldsymbol{r}}g_{\boldsymbol{k}}$ の項を無視して，外場として電場のみを考慮し

$$\nabla_{\boldsymbol{r}}f^0 = \frac{\partial f^0}{\partial T}\nabla_{\boldsymbol{r}}T + \frac{\partial f^0}{\partial \mu}\nabla_{\boldsymbol{r}}\mu \tag{4.37}$$

$$\frac{\partial f^0}{\partial T} = \frac{\partial f^0}{\partial \epsilon} \cdot \left(-\frac{\epsilon-\mu}{T} \right) \tag{4.38}$$

$$\frac{\partial f^0}{\partial \mu} = \frac{\partial f^0}{\partial \epsilon}(-1) \tag{4.39}$$

$$\nabla_{\boldsymbol{k}}f^0 = \frac{\partial f^0}{\partial \epsilon} \cdot \frac{\partial \epsilon}{\partial \boldsymbol{k}} = \frac{\partial f^0}{\partial \epsilon}(\hbar\boldsymbol{v}) \tag{4.40}$$

の関係を用いると

$$\left(-\frac{\partial f^0}{\partial \epsilon} \right)\boldsymbol{v} \cdot \left[\frac{\epsilon-\mu}{T}(-\nabla_{\boldsymbol{r}}T) - e\left(\boldsymbol{E} + \frac{1}{e}\nabla_{\boldsymbol{r}}\mu \right) \right] = \frac{g_{\boldsymbol{k}}}{\tau}$$

の関係が得られる．以下，この式を用いて結晶中の輸送現象を考える．

4.3 ボルツマン輸送方程式　61

電気伝導度

一様な温度や密度分布の状態に一定の電場がかけられているとき

$$g_{\boldsymbol{k}} = \frac{\partial f^0}{\partial \epsilon} \tau \boldsymbol{v} \cdot e\boldsymbol{E} \tag{4.41}$$

となる．$\boldsymbol{k}$ の和と積分の関係

$$2\sum_{\boldsymbol{k}} \longleftrightarrow 2\frac{V}{(2\pi)^3} \int d^3\boldsymbol{k} \tag{4.42}$$

に注意すると，電場下の電流密度は

$$\boldsymbol{j} = -\frac{1}{4\pi^3} \int e\boldsymbol{v} f_{\boldsymbol{k}} d^3\boldsymbol{k} \tag{4.43}$$

$$= -\frac{1}{4\pi^3} \int e\boldsymbol{v} g_{\boldsymbol{k}} d^3\boldsymbol{k} \tag{4.44}$$

$$= -\frac{1}{4\pi^3} \int \int e^2\tau\boldsymbol{v}(\boldsymbol{v}\cdot\boldsymbol{E})\left(\frac{\partial f^0}{\partial \epsilon}\right)\frac{dS}{\hbar v}d\epsilon \tag{4.45}$$

となる．ここで，dS は波数空間で等エネルギー面における積分である．$-\frac{\partial f^0}{\partial \epsilon}$ が近似的にデルタ関数のように振る舞うことを用いると

$$\boldsymbol{j} = \frac{1}{4\pi^3}\frac{e^2\tau}{\hbar}\int \frac{\boldsymbol{v}\boldsymbol{v}}{v}dS_{\mathrm{F}}\cdot\boldsymbol{E} \tag{4.46}$$

となる(dS_{F} はフェルミ面上の積分を表している)．したがって，テンソル量である電気伝導度 σ は

$$\sigma = \frac{1}{4\pi^3}\frac{e^2\tau}{\hbar}\int \frac{\boldsymbol{v}\boldsymbol{v}}{v}dS_{\mathrm{F}} \tag{4.47}$$

となる．結晶の対称性が高い場合には，電流と電場の方向が一致しこれを x 軸とするとき，速度ベクトルを $\boldsymbol{v} = (v_x, v_y, v_z)$ とすると

$$\boldsymbol{v}\boldsymbol{v}\cdot\boldsymbol{E} = v_x^2 E \tag{4.48}$$

となる．これを用いて，フェルミ面上の平均速度が $\langle v_x^2 \rangle = \langle v_y^2 \rangle = \langle v_z^2 \rangle = v^2/3$ の関係にあるとすると，電気伝導度は

$$\sigma = \frac{1}{4\pi^3}\frac{e^2\tau}{\hbar}\frac{1}{3}\int v dS_{\mathrm{F}} \tag{4.49}$$

62 第4章 遍歴電子と遍歴磁性

となる. 自由電子ガスの場合, フェルミ面が球なので

$$\sigma = \frac{1}{4\pi^3}\frac{e^2\tau}{\hbar}\frac{1}{3}\times\frac{\hbar k_{\mathrm{F}}}{m}\times 4\pi k_{\mathrm{F}}^2 = \frac{e^2\tau k_{\mathrm{F}}^3}{3\pi^2 m} \tag{4.50}$$

ここで, 電子密度が $n = k_{\mathrm{F}}^3/3\pi^2$ であることを考慮すれば

$$\sigma = \frac{ne^2\tau}{m} \tag{4.51}$$

となる. この結果は, 電子を古典粒子として扱ったモデル(ドルーデモデル)の結果と一致する.

温度勾配や熱流を含む輸送方程式

結晶に一様な電場がかけられていて温度勾配がある場合, 電流密度は式 (4.41) を用いて次のように書ける.

$$\begin{aligned}
\boldsymbol{J} &= -\frac{1}{4\pi^3}\int e v f_{\boldsymbol{k}} d^3\boldsymbol{k} = -\frac{1}{4\pi^3}\int e v g_{\boldsymbol{k}} d^3\boldsymbol{k} \\
&= \frac{1}{4\pi^3}\frac{e^2\tau}{\hbar}\iint \boldsymbol{v}\boldsymbol{v}\left(-\frac{\partial f^0}{\partial\epsilon}\right)\frac{dS}{|\boldsymbol{v}|}d\epsilon\left(\boldsymbol{E}+\frac{1}{e}\nabla_r\mu\right) \\
&\quad -\frac{1}{4\pi^3}\frac{e\tau}{\hbar}\iint \boldsymbol{v}\boldsymbol{v}\left(\frac{\epsilon-\mu}{T}\right)\left(-\frac{\partial f^0}{\partial\epsilon}\right)\frac{dS}{|\boldsymbol{v}|}d\epsilon(-\nabla_r T)
\end{aligned} \tag{4.52}$$

上の式の最後の項は, 温度勾配によって電流が流れることを表している.

次に熱流について考えてみよう. 熱力学によれば, $dQ = dE - \mu dN$ の関係があることから, 一つの電子が運ぶ熱は, $\epsilon - \mu$ と見積もることができる. これを用いると熱流は

$$\begin{aligned}
\boldsymbol{U} &= \frac{1}{4\pi^3}\int f_{\boldsymbol{k}}(\epsilon-\mu)\boldsymbol{v}d^3\boldsymbol{k} = \frac{1}{4\pi^3}\int g_{\boldsymbol{k}}(\epsilon-\mu)\boldsymbol{v}d^3\boldsymbol{k} \\
&= -\frac{1}{4\pi^3}\frac{e\tau}{\hbar}\iint \boldsymbol{v}\boldsymbol{v}(\epsilon-\mu)\left(-\frac{\partial f^0}{\partial\epsilon}\right)\frac{dS}{|\boldsymbol{v}|}(\boldsymbol{E}+\frac{1}{e}\nabla_r\mu)d\epsilon \\
&\quad +\frac{1}{4\pi^3}\frac{\tau}{\hbar}\iint \boldsymbol{v}\boldsymbol{v}\frac{(\epsilon-\mu)^2}{T}\left(-\frac{\partial f^0}{\partial\epsilon}\right)(-\nabla_r T)\frac{dS}{|\boldsymbol{v}|}d\epsilon
\end{aligned} \tag{4.53}$$

となる. $\nabla_r\mu$ は温度勾配によって生じた化学ポテンシャルの勾配であり, 実験で観測される起電力はこれを含むものになっている. $\left[\boldsymbol{E}+\frac{1}{e}\nabla_r\mu\right]$ を $\boldsymbol{E}$ と置き直すと, 次のような輸送方程式を得る.

4.3 ボルツマン輸送方程式　63

$$\boldsymbol{J} = e^2 K_0 \boldsymbol{E} - \frac{e}{T} K_1 \cdot (-\nabla T) \tag{4.54}$$

$$\boldsymbol{U} = -e K_1 \boldsymbol{E} + \frac{1}{T} K_2 \cdot (-\nabla T) \tag{4.55}$$

$$K_n \equiv \frac{1}{4\pi^3} \frac{\tau}{\hbar} \int \int \boldsymbol{v}\boldsymbol{v} (\epsilon - \mu)^n \left(-\frac{\partial f^0}{\partial \epsilon} \right) \frac{dS}{|\boldsymbol{v}|} d\epsilon \tag{4.56}$$

ここで，一般に $\int \Phi(\epsilon) \left(-\frac{\partial f^0}{\partial \epsilon} \right) d\epsilon$ の形の積分がどのようになるのかを考えよう．$\Phi(\epsilon)$ を μ の周りでテイラー展開して

$$\Phi(\epsilon) = \Phi(\mu) + (\epsilon - \mu) \frac{\partial \Phi}{\partial \epsilon} \Big|_{\epsilon=\mu} + \frac{1}{2}(\epsilon - \mu)^2 \frac{\partial^2 \Phi}{\partial \epsilon^2} \Big|_{\epsilon=\mu} + \cdots \tag{4.57}$$

とすると

$$\int \Phi(\epsilon) \left(-\frac{\partial f^0}{\partial \epsilon} \right) d\epsilon = \Phi(\mu) \int \left(-\frac{\partial f^0}{\partial \epsilon} \right) d\epsilon + \frac{\partial \Phi}{\partial \epsilon} \Big|_{\epsilon=\mu} \int (\epsilon - \mu) \left(-\frac{\partial f^0}{\partial \epsilon} \right) d\epsilon$$

$$+ \frac{1}{2} \frac{\partial^2 \Phi}{\partial \epsilon^2} \Big|_{\epsilon=\mu} \int (\epsilon - \mu)^2 \left(-\frac{\partial f^0}{\partial \epsilon} \right) d\epsilon + \cdots \tag{4.58}$$

となる．ここで

$$\int (\epsilon - \mu)^n \frac{\partial f^0}{\partial \epsilon} d\epsilon = -\frac{1}{k_B T} \int_{-\infty}^{\infty} \frac{(\epsilon - \mu)^n e^{\beta(\epsilon - \mu)}}{(e^{\beta(\epsilon - \mu)} + 1)^2} d\epsilon$$

$$= -(k_B T)^n \int_{-\infty}^{\infty} \frac{x^n e^x}{(e^x + 1)^2} dx \tag{4.59}$$

であり，右辺の積分は $n=0$ のとき 1，$n=1$ のときは 0，$n=2$ のときは $\frac{\pi^2}{3}$ になることが知られている．したがって

$$\int \Phi(\epsilon) \left(-\frac{\partial f^0}{\partial \epsilon} \right) d\epsilon = \Phi(\mu) + \frac{\pi^2}{6}(k_B T)^2 \frac{\partial^2 \Phi}{\partial \epsilon^2} \Big|_{\epsilon=\mu} + \cdots \tag{4.60}$$

となる．これを用いると

$$K_0(\epsilon = \mu) = \frac{\tau}{4\pi^3 \hbar} \int \frac{\boldsymbol{v}\boldsymbol{v}}{|\boldsymbol{v}|} dS \Big|_{\epsilon=\mu} \tag{4.61}$$

となる．K_0 を ϵ の関数として用いると

$$K_2 = \int \int K_0(\epsilon)(\epsilon - \mu)^2 \left(-\frac{\partial f^0}{\partial \epsilon} \right) d\epsilon = \frac{\pi^2}{3}(k_B T)^2 K_0(\mu) \tag{4.62}$$

同様に

$$K_1 = \frac{\pi^2}{3}(k_B T)^2 \left[\frac{\partial K_0(\epsilon)}{\partial \epsilon} \right]_{\epsilon=\mu} \tag{4.63}$$

が得られる．

熱伝導度

熱流方程式 (4.55) において $E = 0$ とすると，$U = \kappa(-\nabla T)$ を満たす熱伝導度 $\kappa = \frac{1}{T}K_2$ が得られる．実際には $E = 0$ と保つ実験は難しく $J = 0$ の条件で行われるが，それでもこの関係が近似的に保たれると考えられている．このとき

$$\kappa \approx \frac{K_2}{T} = \frac{\pi^2}{3}\frac{k_B^2}{e^2}T\sigma \tag{4.64}$$

という関係式を得る．これは，**ローレンツ数**と呼ばれる熱伝導度と電気伝導度の比を温度で割った量が，次のような物質によらない値になることを表している．

$$L \equiv \frac{\kappa}{T\sigma} = L_0 = \frac{\pi^2}{3}\frac{k_B^2}{e^2} \approx 2.45 \times 10^{-8} \text{W}\Omega\text{K}^{-2} \tag{4.65}$$

これを**ビーデマン-フランツ則**と言う．この議論は，散乱がエネルギーを変えないこと(弾性散乱)を仮定していることを強調しておきたい．特にビーデマン-フランツ則は，非弾性散乱があると成り立たなくなることが知られている．このことを定性的に説明するため，温度勾配下の状態における散乱を図 4.3 に示す．温度勾配 ∇T によって，波数が正の側のほうが化学ポテンシャル μ 付近の広がりが大きくなっている．散乱によってほとんどエネルギーが変わらず波数が変化する場合(水平遷移)，電子が持っている熱 $\epsilon - \mu$ は変わらず，速度 $v = \frac{\partial \epsilon}{\partial k}$ が変化する．この場合，電子が運ぶ電流 ev，熱流 $(\epsilon - \mu)v$ はともに変化するのでローレンツ数に変化を及ぼさない．一方で散乱によって波数はほとんど変わらずエネルギーが変化する場合(垂直遷移)，電流はほとんど変わらず熱流のみが大きく変化するためローレンツ数が減少することが知られている．つまり垂直遷移をさせる非弾性散乱があると，ローレンツ数が上記の普遍的な値から減少する．図 4.4 に典型的な金属におけるローレンツ数の温度変化を示す．金属中における電子の弾性散乱は不純物や格子欠陥によるものであり，散乱確率は温度に

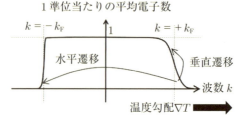

図 4.3 温度勾配下の電子分布と非弾性散乱の影響．

図 4.4 典型的な金属におけるローレンツ数の温度変化.

依存しない．一方で，非弾性散乱には電子・フォノン散乱や電子・電子散乱などがあるが，これらは散乱確率が温度のべき T^n に比例することが知られている．すなわち，ビーデマン–フランツ則が厳密に成り立つのは，$T = 0$ において非弾性散乱が完全に抑制されたときのみなのである．有限温度では非弾性散乱の効果によって減少していく．しかしながら，十分高温になると散乱によるエネルギー変化が温度に比べて無視できるようになるため，ビーデマン–フランツ則の値 L_0 を回復する傾向を示す．逆に言えば，ローレンツ数の温度変化を測れば非弾性散乱の大きさをプローブすることができる．第 5 章では，トポロジーよる異常ホール効果がどのように非弾性散乱に影響を受けるかを，ローレンツ数によって研究した結果を紹介する．

熱電効果

式 (4.54) で $\bm{J} = 0$ と置くと

$$\bm{E} = -\frac{1}{eT}(K_0^{-1}K_1)\nabla T = S\nabla T \tag{4.66}$$

となり，温度勾配 ∇T があるとき，その大きさに比例して電場 $\bm{E}$ が生ずる**ゼーベック効果**が導出される．ここで，S は

$$S \equiv -\frac{1}{eT}K_0^{-1}K_1 \tag{4.67}$$

を満たす**ゼーベック係数**である．また，電流 $\bm{J}$ を流したとき，その大きさに比例して熱流 $\bm{U}$ が生ずる効果を**ペルチェ効果**と呼ぶ．これはゼーベック効果の逆効果である．式 (4.54), (4.55) において $\nabla T = 0$ とすると

$$\bm{U} = -eK_1\bm{E} \tag{4.68}$$

$$\bm{J} = e^2 K_0 \bm{E} \tag{4.69}$$

66 第4章 遍歴電子と遍歴磁性

これを整理すると

$$U = -\frac{1}{e} K_0^{-1} K_1 \boldsymbol{J} = \Pi \boldsymbol{J} \tag{4.70}$$

となる. Π は**ペルチェ係数**と呼ばれる. ペルチェ係数とゼーベック係数は,

$$\Pi = -\frac{1}{e} K_0^{-1} K_1 = TS \tag{4.71}$$

という関係で結ばれている. これらゼーベック効果やペルチェ効果と言った熱と電気の相関効果は冷却素子や地熱発電などの応用上も重要である. ゼーベック係数は, 式 (4.67), (4.61), (4.63) を用いると

$$S = -\frac{1}{eT} \frac{1}{K_0(\mu)} \frac{\pi^2}{3} (k_{\mathrm{B}}T)^2 \left[\frac{\partial K_0(\epsilon)}{\partial \epsilon} \right]_{\epsilon=\mu} \tag{4.72}$$

$$= -\frac{\pi^2}{3} \frac{k_{\mathrm{B}}^2 T}{e} \left[\frac{\partial \ln K_0(\epsilon)}{\partial \epsilon} \right]_{\epsilon=\mu} \tag{4.73}$$

$$= -\frac{\pi^2}{3} \frac{k_{\mathrm{B}}^2 T}{e} \left[\frac{\partial \ln \sigma}{\partial \epsilon} \right]_{\epsilon=\mu} \tag{4.74}$$

のような関係式で表される. これを**モットの式**と呼ぶ. ここで, τ が ϵ に対して一定であることを仮定して, 自由電子の電気伝導度の式 (4.50) を仮定すると

$$\left[\frac{\partial \ln \sigma}{\partial \epsilon} \right]_{\epsilon=\epsilon_{\mathrm{F}}} = 3/2\epsilon_{\mathrm{F}} \tag{4.75}$$

となるので, ゼーベック係数は

$$S = -\frac{\pi^2 k_{\mathrm{B}}}{2e} \frac{k_{\mathrm{B}}T}{\epsilon_{\mathrm{F}}} \tag{4.76}$$

となる. 電子を散乱がある古典自由粒子として扱うドルーデモデルでは

$$S = -\frac{k_{\mathrm{B}}}{2e} \tag{4.77}$$

のようになることが知られている[28]. 係数を除けば二つの値の差は $k_{\mathrm{B}}T/\epsilon_{\mathrm{F}}$ である. これはフェルミ縮退している場合, 熱的に活性化された電子は全体の中の $k_{\mathrm{B}}T/\epsilon_{\mathrm{F}}$ 程度であることを反映している.

　ここで, このような古典統計と量子統計におけるゼーベック効果の違いが端的に現れた実験結果を示そう. **図 4.5** に, $\mathrm{La}_{1-x}\mathrm{Sr}_x\mathrm{VO}_3$ におけるゼーベック効果を示す[31].

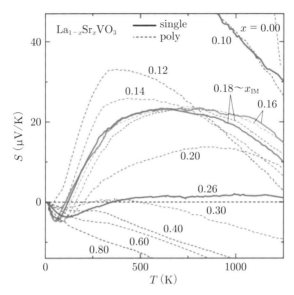

図 4.5 モット転移系 $La_{1-x}Sr_xVO_3$ におけるゼーベック効果の温度依存性(Uchidaら[31]).

この物質系は**フィリング制御モット転移系**と呼ばれている．$LaVO_3$ はモット絶縁体であり，V 原子当たり 2 個の電子が局在して絶縁体化しているが，La^{3+} を Sr^{2+} で置換すると，電子の「穴」ができて徐々に金属的な伝導を示す物質である．$x = 0.18$ 程度まで Sr を置換すると低温まで有限の伝導度を示す金属へと転移する．このような系における金属絶縁体転移近傍では，フェルミ縮退温度が実効的に低くなった状態が実現しているとみなすことができる．そのような事情を念頭に $x = 0.18$ のゼーベック係数を見てみると，低温で小さな負の値を示しているがある温度で符号変化を起こし，正の大きな値を示す．高温の大きさはドルーデモデルの値 $k_B/2e = 43\,\mu V/K$ の半分程度の大きさとなっている．このような温度変化は，低温のフェルミ縮退した状態から，高温のモット絶縁体の穴がかろうじてフェルミ縮退せずに(古典的に)伝導している状態へと変化しているものであると説明することができる．

68 第4章 遍歴電子と遍歴磁性

4.4 ストーナーモデルによる遍歴強磁性

　前節までは金属中の輸送現象の基礎について述べてきた．4.4, 4.5 節では金属中の磁性について述べる．金属中の磁性には二つの描像が存在する．一つは，伝導を担うバンドと磁性を担うバンドが同じで，バンド電子の相関が強いために磁性が発生する場合．もう一つは，金属的なバンドと磁気モーメントを担う局在した電子軌道が共存しており，金属バンドの伝導電子を介した磁気モーメント間の相互作用が発生する場合である．実際の物質は，両者の中間の描像を取るものも多い．後者の描像に基づいた磁性については 4.5 節で述べることとして，この節では，前者の描像に基づいて，単一バンドの強磁性金属の簡単なモデルであるストーナーモデルについて述べる．

　まず，強く束縛された電子近似に基づいた次のようなブロッホ波状態を考えよう．

$$\psi_k = \frac{1}{\sqrt{N_A}} \sum_i e^{i\boldsymbol{k}\cdot\boldsymbol{R}_i} \phi_A(\boldsymbol{r} - \boldsymbol{R}_i) \tag{4.78}$$

$\phi_A(\boldsymbol{r} - \boldsymbol{R}_i)$ は $\boldsymbol{R}_i$ に局在した原子軌道である．この 1 電子状態では，格子点 $\boldsymbol{R}_i$ にいる確率は，原子数を N_A として $1/N_A$ である．遷移金属の d 軌道などで同一サイトの同一電子準位に 2 個の電子が収容されると大きなクーロンエネルギー U が発生する．ブロッホ波金属状態でのクーロンエネルギーの期待値は，上向きスピンを持つ電子数が N_+ で，下向きスピンを持つ電子数が N_- であるとすると

$$E_C = N_A U \frac{N_+}{N_A} \frac{N_-}{N_A} = \frac{U}{N_A} N_+ N_- = \frac{U}{4N_A}(N^2 - M^2) \tag{4.79}$$

と書かれる．ただし

$$N = N_+ + N_- \tag{4.80}$$

$$M = N_+ - N_- \tag{4.81}$$

である．このようにクーロン相互作用はスピン偏極させたほうが少ない．一方で，スピン偏極すると運動エネルギーは損になる．

　図 4.6(a) のようにスピン偏極するということは，運動エネルギーが小さい下向きスピンの状態から運動エネルギーが大きい上向きスピン状態に電子が移動することを意味している．このときのエネルギー変化は

4.4 ストーナーモデルによる遍歴強磁性　69

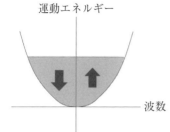
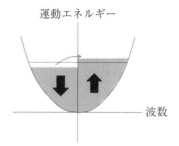

図 4.6　スピン偏極した場合の電子配置.

$$\int_{\epsilon_F}^{\epsilon_F+\Delta} \epsilon D(\epsilon)d\epsilon - \int_{\epsilon_F-\Delta}^{\epsilon_F} \epsilon D(\epsilon)d\epsilon = \Delta^2 D(\epsilon_F) + O(\Delta^4) \qquad (4.82)$$

となる.

$$M \approx 2\Delta D(\epsilon_F) \qquad (4.83)$$

であるので，運動エネルギーの増加は結局

$$E_{\text{kin}} = \frac{M^2}{4D(\epsilon_F)} + O(M^4) \qquad (4.84)$$

となる.

全体のエネルギーは

$$\begin{aligned} E = E_C + E_{\text{kin}} &= \frac{U}{4N_A}(N^2 - M^2) + \frac{M^2}{4D(\epsilon_F)} + O(M^4) \\ &= \frac{U}{4N_A}N^2 + \frac{M^2}{4}\left(\frac{1}{D(\epsilon_F)} - \frac{U}{N_A}\right) + O(M^4) \end{aligned} \qquad (4.85)$$

となり，$\frac{U}{N_A}D(\epsilon_F) > 1$ のとき $M \neq 0$ で最小になり，強磁性状態がエネルギー的に安定となる．これを**ストーナー条件**と言う．

70　第4章　遍歴電子と遍歴磁性

4.5　RKKY相互作用と二重交換相互作用

4.5.1　RKKY相互作用

次に，局在した磁気モーメントが伝導バンドと共存し，磁気モーメント間に伝導電子を介した磁気相互作用が働く場合について述べよう．そのような相互作用の一つが以下で説明する**RKKY**(Ruderman–Kittel–Kasuya–Yosida) **相互作用**と呼ばれるものである．

位置 R_i と R_j にある二つの局在磁気モーメント S_i, S_j があって，伝導電子のスピンと局在磁気モーメントの間には，局所的なポテンシャル交換相互作用が働いているとしよう．位置 r_n にいる n 番目の伝導電子のスピン $\hbar s_n$ と S_i の間の局所的なポテンシャル交換相互作用を

$$-2Jv\delta(r_n - R_i)s_n \cdot S_i \tag{4.86}$$

と表すことにする．v は格子点一つ当たりの体積である．以下では，簡単のために，ベクトルの内積をスカラーの積として取り扱うことにする．すべての伝導電子の寄与を足し合わせると

$$-2Jv\sum_n \delta(r_n - R_i)s_n S_i \tag{4.87}$$

となる．この相互作用は，局在モーメントが伝導電子に空間変化する実効磁場

$$h_{\mathrm{eff}}(r) = \frac{2Jv}{g\mu_{\mathrm{B}}}S_i\delta(r - R_i) = \frac{2JvS_i}{(2\pi)^3 g\mu_{\mathrm{B}}}\int d^3q \exp(-iq \cdot (r - R_i)) \tag{4.88}$$

を与えたとみなすこともできる．一般に，$\mathrm{Re}(h_q \exp(-iq\cdot r)) = \frac{1}{2}(h_q \exp(-iq\cdot r) + h_q^* \exp(iq\cdot r))$ が印加されたときの伝導電子のスピン分極は，線形の範囲では，帯磁率 χ_q を用いて

$$\frac{\chi_q}{2}(h_q \exp(-iq \cdot r) + h_q^* \exp(iq \cdot r)) \tag{4.89}$$

で表される．したがって，実効磁場 H_{eff} が与えるスピン分極は

$$\sigma(r) = \frac{2JvS_i}{(2\pi)^3 g\mu_{\mathrm{B}}}\int d^3q \chi_q \exp(-iq \cdot (r - R_i)) \tag{4.90}$$

4.5 RKKY 相互作用と二重交換相互作用 71

となる. このような伝導電子のスピン分極によって $\boldsymbol{S}_j$ が受ける相互作用は

$$-2Jv\int d^3\boldsymbol{r}\delta(\boldsymbol{r}-\boldsymbol{R}_j)\frac{1}{g\mu_{\mathrm{B}}}\sigma(\boldsymbol{r})S_j = -\frac{4J^2v^2S_iS_j}{g^2\mu_{\mathrm{B}}^2(2\pi)^3}\int d^3\boldsymbol{q}\chi_{\boldsymbol{q}}\exp(-i\boldsymbol{q}\cdot(\boldsymbol{R}_j-\boldsymbol{R}_i))$$

$$(4.91)$$

となる. 以下では, $\chi_{\boldsymbol{q}}$ を自由電子模型をもとに求めて, それを用いて上式の積分を実行する.

まず, 自由電子模型における $\chi_{\boldsymbol{q}}$ を計算する. 量子的な自由電子模型をもとに, 磁場 $\frac{1}{2}(H_{\boldsymbol{q}}\exp(-i\boldsymbol{q}\cdot\boldsymbol{r})+H_{\boldsymbol{q}}^*\exp(i\boldsymbol{q}\cdot\boldsymbol{r}))$ が印加されたときにスピン分極密度が $\chi_{\boldsymbol{q}} \times \frac{1}{2}(H_{\boldsymbol{q}}\exp(-i\boldsymbol{q}\cdot\boldsymbol{r})+H_{\boldsymbol{q}}^*\exp(i\boldsymbol{q}\cdot\boldsymbol{r}))$ となるときの $\chi_{\boldsymbol{q}}$ を $H_{\boldsymbol{q}}$ の線形の範囲で求めよう. 自由電子模型のハミルトニアンを

$$H = H_0 + H_1 \tag{4.92}$$

$$H_0 = -\sum_n \frac{\hbar^2}{2m}\nabla_n^2 \tag{4.93}$$

$$H_1 = -g\mu_{\mathrm{B}}\sum_n s_n^z \frac{1}{2}(H_{\boldsymbol{q}}\exp(-i\boldsymbol{q}\cdot\boldsymbol{r}_n)+H_{\boldsymbol{q}}^*\exp(i\boldsymbol{q}\cdot\boldsymbol{r}_n)) \tag{4.94}$$

とする. ここで, H_0 は自由電子のハミルトニアンであり, H_1 は外部磁場による摂動ハミルトニアンである. また, 変動磁場 $\boldsymbol{H}_{\boldsymbol{q}}$ の方向を z 軸に取った. 無摂動状態の固有状態である自由電子の 1 電子波動関数を

$$\psi_{\boldsymbol{k}}^0 = \frac{1}{\sqrt{V}}\exp(i\boldsymbol{k}\cdot\boldsymbol{r}) \tag{4.95}$$

とし, 一次の摂動を考えると

$$\begin{aligned}
\psi_{\boldsymbol{k}} &= \psi_{\boldsymbol{k}}^0 + \sum_{\boldsymbol{k}'\neq\boldsymbol{k}}\psi_{\boldsymbol{k}'}^0\frac{\int\psi_{\boldsymbol{k}'}^* H_1\psi_{\boldsymbol{k}}d^3\boldsymbol{r}}{\epsilon_{\boldsymbol{k}}-\epsilon_{\boldsymbol{k}'}}\\
&= \frac{1}{\sqrt{V}}\exp(i\boldsymbol{k}\cdot\boldsymbol{r})-\frac{1}{\sqrt{V}}\exp(i(\boldsymbol{k}+\boldsymbol{q})\cdot\boldsymbol{r})\frac{g\mu_{\mathrm{B}}s_n^z H_{\boldsymbol{q}}^*}{\frac{\hbar^2}{m}(\boldsymbol{k}^2-(\boldsymbol{k}+\boldsymbol{q})^2)}\\
&\quad -\frac{1}{\sqrt{V}}\exp(i(\boldsymbol{k}-\boldsymbol{q})\cdot\boldsymbol{r})\frac{g\mu_{\mathrm{B}}s_n^z H_{\boldsymbol{q}}}{\frac{\hbar^2}{m}(\boldsymbol{k}^2-(\boldsymbol{k}-\boldsymbol{q})^2)}
\end{aligned} \tag{4.96}$$

となる. 波数 $\boldsymbol{k}$, $s_z = \pm 1/2$ を持つ電子の確率密度は

72　第4章　遍歴電子と遍歴磁性

$$\rho_{\boldsymbol{k},\pm} = |\psi_{\boldsymbol{k}}(s_z = \pm 1/2)|^2$$

$$\approx \frac{1}{V}\left(1 \pm \frac{m}{\hbar^2}g\mu_{\mathrm{B}}\left(\frac{1}{(\boldsymbol{k}-\boldsymbol{q})^2 - k^2} + \frac{1}{(\boldsymbol{k}+\boldsymbol{q})^2 - k^2}\right)\right.$$

$$\left.\times \frac{1}{2}\big(H_{\boldsymbol{q}}\exp(-i\boldsymbol{q}\cdot\boldsymbol{r}) + H_{\boldsymbol{q}}^*\exp(i\boldsymbol{q}\cdot\boldsymbol{r})\big)\right) \tag{4.97}$$

となる. これをもとにスピン分極 σ_s を計算する.

$$\sigma_s(\boldsymbol{r}) = \frac{g\mu_{\mathrm{B}}}{2}\sum_{|\boldsymbol{k}|<\epsilon_{\mathrm{F}}}\big(\rho_{\boldsymbol{k},+} - \rho_{\boldsymbol{k},-}\big)$$

$$= \frac{mg^2\mu_{\mathrm{B}}^2}{\hbar^2 V}\sum_{|\boldsymbol{k}|<k_{\mathrm{F}}}\left(\frac{1}{(\boldsymbol{k}-\boldsymbol{q})^2 - k^2} + \frac{1}{(\boldsymbol{k}+\boldsymbol{q})^2 - k^2}\right)$$

$$\times \frac{1}{2}\big(H_{\boldsymbol{q}}\exp(-i\boldsymbol{q}\cdot\boldsymbol{r}) + H_{\boldsymbol{q}}^*\exp(i\boldsymbol{q}\cdot\boldsymbol{r})\big) \tag{4.98}$$

ここで

$$\sum_{|\boldsymbol{k}|<k_{\mathrm{F}}}\left(\frac{1}{(\boldsymbol{k}-\boldsymbol{q})^2 - k^2} + \frac{1}{(\boldsymbol{k}+\boldsymbol{q})^2 - k^2}\right)$$

$$= \frac{V}{(2\pi)^3}\int dk\, d\theta_k\, 2\pi k^2 \sin\theta_k \times \left(\frac{1}{q^2 + 2qk\cos\theta_k} + \frac{1}{q^2 - 2qk\cos\theta_k}\right)$$

$$= \frac{V}{4\pi^2 q}\int\int_{-1}^{1}\left(\frac{1}{q+2kt} + \frac{1}{q-2kt}\right)dt\,k^2\,dk$$

$$= \frac{V}{4\pi^2 q}\int_0^{k_{\mathrm{F}}} k(\ln|q+2k| - \ln|q-2k|)dk$$

$$= \frac{Vk_{\mathrm{F}}}{8\pi^2}\left(1 + \frac{4k_{\mathrm{F}}^2 - q^2}{4k_{\mathrm{F}}q}\ln\left|\frac{2k_{\mathrm{F}}+q}{2k_{\mathrm{F}}-q}\right|\right) \tag{4.99}$$

であるので

$$\sigma_s(\boldsymbol{r}) = \chi_{\boldsymbol{q}} \times \frac{1}{2}\big(H_{\boldsymbol{q}}\exp(-i\boldsymbol{q}\cdot\boldsymbol{r}) + H_{\boldsymbol{q}}^*\exp(i\boldsymbol{q}\cdot\boldsymbol{r})\big) \tag{4.100}$$

$$\chi_{\boldsymbol{q}} = \frac{3g^2\mu_{\mathrm{B}}^2 n}{16\epsilon_{\mathrm{F}}}\left(1 + \frac{4k_{\mathrm{F}}^2 - q^2}{4k_{\mathrm{F}}q}\ln\left|\frac{2k_{\mathrm{F}}+q}{2k_{\mathrm{F}}-q}\right|\right) \tag{4.101}$$

が得られる. ここで, n は電子密度である.

　上記の結果を用いると式 (4.91) で表される磁気モーメント $\boldsymbol{S}_i$ と $\boldsymbol{S}_j$ の相互作用は

4.5 RKKY 相互作用と二重交換相互作用　73

$$
-\frac{3J^2nv^2}{32\pi^3\epsilon_{\mathrm{F}}}S_iS_j\int d^3\boldsymbol{q}\left(1+\frac{4k_{\mathrm{F}}^2-q^2}{4k_{\mathrm{F}}q}\ln\left|\frac{2k_{\mathrm{F}}+q}{2k_{\mathrm{F}}-q}\right|\right)\exp(i\boldsymbol{q}\cdot(\boldsymbol{R}_i-\boldsymbol{R}_j))
$$

$$(4.102)$$

となる. ここで

$$
\int d^3\boldsymbol{q}\left(1+\frac{4k_{\mathrm{F}}^2-q^2}{4k_{\mathrm{F}}q}\ln\left|\frac{2k_{\mathrm{F}}+q}{2k_{\mathrm{F}}-q}\right|\right)\exp(i\boldsymbol{q}\cdot(\boldsymbol{R}_i-\boldsymbol{R}_j))
$$

$$
=2\pi\int_0^\infty dqq^2\left(1+\frac{4k_{\mathrm{F}}^2-q^2}{4k_{\mathrm{F}}q}\ln\left|\frac{2k_{\mathrm{F}}+q}{2k_{\mathrm{F}}-q}\right|\right)\int_0^\pi\exp(iq|\boldsymbol{R}_i-\boldsymbol{R}_j|\cos\theta_q)\sin\theta_qd\theta_q
$$

$$
=\frac{4\pi}{|\boldsymbol{R}_i-\boldsymbol{R}_j|}\int_0^\infty dqq\left(1+\frac{4k_{\mathrm{F}}^2-q^2}{4k_{\mathrm{F}}q}\ln\left|\frac{2k_{\mathrm{F}}+q}{2k_{\mathrm{F}}-q}\right|\right)\sin(q|\boldsymbol{R}_i-\boldsymbol{R}_j|)
$$

$$
=\frac{8\pi}{|\boldsymbol{R}_i-\boldsymbol{R}_j|^2}\int_0^\infty dq\left(1-\frac{q}{4k_{\mathrm{F}}}\ln\left|\frac{2k_{\mathrm{F}}+q}{2k_{\mathrm{F}}-q}\right|\right)\cos(q|\boldsymbol{R}_i-\boldsymbol{R}_j|)
$$

$$
=\frac{4\pi}{|\boldsymbol{R}_i-\boldsymbol{R}_j|^2}\int_{-\infty}^\infty dq\left(1-\frac{q}{4k_{\mathrm{F}}}\ln\left|\frac{2k_{\mathrm{F}}+q}{2k_{\mathrm{F}}-q}\right|\right)\cos(q|\boldsymbol{R}_i-\boldsymbol{R}_j|)
$$

$$
=-\frac{4\pi}{4k_{\mathrm{F}}|\boldsymbol{R}_i-\boldsymbol{R}_j|^3}\int_{-\infty}^\infty 2k_{\mathrm{F}}\left(\frac{1}{q+2k_{\mathrm{F}}}+\frac{1}{q-2k_{\mathrm{F}}}\right)\sin(q|\boldsymbol{R}_i-\boldsymbol{R}_j|)dq
$$

$$
+\frac{4\pi}{4k_{\mathrm{F}}|\boldsymbol{R}_i-\boldsymbol{R}_j|^4}\int_{-\infty}^\infty\left(\frac{1}{q+2k_{\mathrm{F}}}-\frac{1}{q-2k_{\mathrm{F}}}\right)\cos(q|\boldsymbol{R}_i-\boldsymbol{R}_j|)dq
$$

$$
=32\pi^2k_{\mathrm{F}}^3F(2k_{\mathrm{F}}|\boldsymbol{R}_i-\boldsymbol{R}_j|)
$$

$$(4.103)$$

である. 最後の変形では $\int_{-\infty}^\infty(\sin x/x)dx=\pi$ を用いており, 関数 $F(x)$ は, $(\sin(x)-x\cos(x))/x^4$ である. したがって, RKKY 相互作用は

$$
-\frac{9\pi J^2(N_{\mathrm{e}}/N)^2}{\epsilon_{\mathrm{F}}}F(2k_{\mathrm{F}}|\boldsymbol{R}_i-\boldsymbol{R}_j|)S_iS_j
$$

$$(4.104)$$

と表される. ここで, N は原子数, N_{e} は電子数であり, $nv=N_{\mathrm{e}}/N$ の関係があることを用いている. 関数 $F(x)$ は振動しながら減衰するものであることを反映して, RKKY 相互作用は近距離では強磁性的であるが, 距離が離れると符号を変える相互作用となる.

　希土類を含む合金の磁性は, 多くの場合, この RKKY 相互作用で説明される. 希土類の 4f 軌道は広がりが少ないため, 合金においても局在した磁気モーメントとして働く場合が多い. そのような場合, 他の広がった軌道における伝導電子によって RKKY 相互作用が媒介されるのである.

4.5.2 二重交換相互作用とマンガン酸化物の超巨大磁気抵抗効果

4.5.1 節で述べた RKKY 相互作用からは，伝導電子と局在スピンの間の交換相互作用が強く局在モーメント間の距離が近ければ安定な強磁性が発現すると期待される．そのような強結合状態の強磁性相互作用に，二重交換相互作用と呼ばれるものある．

この相互作用は，$La_{1-x}Sr_xMnO_3$ などのペロブスカイトマンガン酸化物における強磁性の発現をよく説明している．図 4.7 はこのメカニズムを説明したものである．この系では Mn イオンが 8 面体の頂点に配位した六つの酸素イオンに取り囲まれており，第 2 章で説明したように，結晶場分裂によって Mn の 3d 軌道が e_g 軌道と t_{2g} 軌道に分裂する．$LaMnO_3$ は Mn の価数は 3+ であり，d 電子が四つある．この四つの電子は，フントの第一規則に従って，スピンの方向を強磁性的にそろえて t_{2g} に三つ e_g に一つの電子が入る．t_{2g} 軌道は酸素 2p 軌道との重なり積分が小さいため，広がりを持たず局在磁気モーメントとして働く．一方，e_g 軌道は重なり積分が大きく遍歴的な性格を持つ．$LaMnO_3$ では，どのサイトも d 電子が四つあり，その一つが隣に飛び移るとクーロンエネルギーが大きくなる．そのため，電子は局在化しモット絶縁体となっており，運動交換相互作用により反強磁性秩序が生じている．ここで La^{3+} を二価のイオン Sr^{2+} に置換すると，Mn の平均価数が 3+ より大きくなり e_g 軌道の電子が部分的に取り除かれる．この状態で各サイトのスピンが強磁性的にそろってい

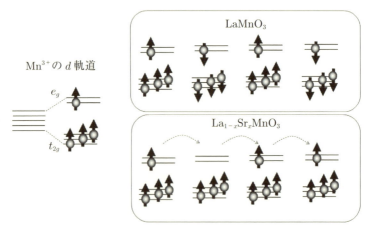

図 4.7 マンガン酸化物における二重交換相互作用．

れば，e_g 電子が運動できるようになり，運動エネルギーが低下する．このように伝導電子の運動エネルギーの利得によって局在磁気モーメントが強磁性的にそろえられるのが，**二重交換相互作用**と呼ばれるものである．

このような二重交換相互作用が働く系では，磁気状態と電気伝導が強く結合している．強磁性状態では伝導電子がスムーズに伝導できるため金属的になり，反強磁性や高温の常磁性状態では伝導性が悪い．したがって，強磁性転移温度付近では抵抗率の大きな減少が観測される．また，転移温度直上で磁場を印加すると，抵抗率の大きな減少が観測される(**図 4.8**)．

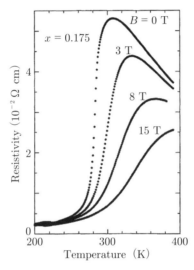

図 4.8 $La_{1-x}Sr_xMnO_3$ における巨大磁気抵抗効果(Tokura ら[32])．

第5章
磁気輸送現象とトポロジカル効果

物性物理学においては，量子ホール効果の発見以来トポロジー(位相幾何学)の効果が盛んに研究されている．この章では，その中で特に，ホール効果を中心とした磁性体中におけるトポロジカル効果について述べる．

5.1 トポロジカル磁気構造スキルミオン格子

まず初めに，トポロジカル効果が発現する磁気状態の典型例として**スキルミオン格子**と呼ばれる磁気構造について述べよう[35]．この磁気構造は，B20型と呼ばれる遷移金属(MnやFeなど)と，Si(もしくはGe)が1:1の比で構成される規則合金で初めて発見されている．この物質群は，図5.1のような立方晶であるが空間反転が破れている結晶構造を有している．さらに詳しく言えば，あらゆる鏡映対称性が破れていて，鏡像がもとの結晶と重ならない有機物質でよく見られるような掌性(キラリティ)を持つ物質である．第2章では，iサイトとjサイトの中点の周りで対称性が破れている場合には，$\boldsymbol{D}_{ij}\cdot(\boldsymbol{S}_i\times\boldsymbol{S}_j)$と表されるジャロシンスキー–守谷相互作用が現れることを述べた．この系のように空間反転対称性が全体として破れている場合には，一様な成分が現れることになり，らせん磁性を誘起することも説明している．さらに，ここで重要なのは，この物質は立方晶で異方性が小さいということである．らせん磁性の伝搬ベクトル(磁気構造が変化する方向)は，弱い磁気異方性の影響を除けばどの方向

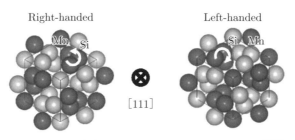

図 5.1　B20型合金における結晶構造(Kanazawa ら[33])．

78 第5章 磁気輸送現象とトポロジカル効果

にも向くことができるのである．磁気的なハミルトニアンを空間依存する磁化 $M(r)$ やその空間微分に関する冪のうち，B20 型化合物の空間群 $P2_13$ の対称操作に対して不変になるもので展開すると

$$H = \int d^3r \left(J(\nabla M)^2 + \alpha M \cdot (\nabla \times M) + \cdots \right) \tag{5.1}$$

となる[34]．カッコ内の最初の項は，M を一つの方向にそろえようとするものであり，強磁性相互作用に対応する．第 2 項は，磁気モーメントを隣りと角度をつけて傾けようとするものであり，ジャロシンスキー–守谷相互作用に対応するものである．この二つの項は座標を回転しても不変であり，任意の方向に沿って $|q| = \alpha/J$ となる伝搬ベクトルを持つらせん磁気構造を安定化させる．より高次の項が磁気異方性に対応するものであり，例えば，MnSi ではゼロ磁場では $q\|\langle 111\rangle$ の方向が安定となる．しかしながら，この系では高次項は十分弱く，磁場をある程度印加すると，結晶方位によらず磁場方向に帯磁率の大きいらせん磁性の伝搬ベクトル方向がそろうようになる．

図 5.2(a) に MnSi における温度磁場相図を示す[36]．MnSi においてらせん磁気構造に磁場を印加すると，伝搬ベクトルが磁場の方を向き磁気モーメントがらせん面から磁場方向に傾いた**コニカル**（Conical）**磁気構造**を示す．さらに磁場を印加すると，磁場方向に磁気モーメントが完全にスピン偏極した状態（field-polarized）となる．これらの自明な磁気状態の他に，転移温度直下に A-phase と呼ばれるミステリアスな磁気相が存在することが 1980 年代から報告されていた[37]．この状態を解明する上で重要

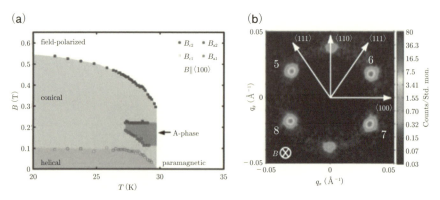

図 5.2 (a) MnSi における磁場相図，(b) A-phase における中性子回折（Mühlbauer ら[36]）．

だったのは，2009 年に行われた Pfleiderer らの中性子散乱によって，この磁気相において六角形状の回折パターンが観測されたことである[36]．この回折パターンの起源として，磁気モーメントの空間依存性 $M(r)$ が，伝搬ベクトル $Q_i(i=1,2,3)$ が $Q_1+Q_2+Q_3=0$ を満たすように 120 度ずつ傾いた，三つのらせん磁気構造と空間的に一様な磁気偏極 M_f の重ね合わせとして

$$M(r) = M_\mathrm{f} + \sum_i A[n_{i1}\cos Q_i \cdot (r+\Delta r_i) + n_{i2}\sin Q_i \cdot (r+\Delta r_i)] \quad (5.2)$$

の式で記述されるスキルミオン格子(図 5.3(a))が実現していると提案された(ここで n_{i1}, n_{i2} は，重ね合わせを構成するらせん磁気構造の伝搬ベクトル Q_i に垂直な二つの単位ベクトルである)．その後，類似物質の $Fe_{0.5}Co_{0.5}Si$ において，ローレンツ電子顕微鏡によって磁気構造の実空間観測が行われ，これが確かめられた[38]．ローレンツ電子顕微鏡は，磁性体内部の磁場によるローレンツ力によって電子線が曲がることを利用して磁気モーメントの空間分布の情報を得る実験手法であり，磁気モーメントのうち試料面内成分を検出する．図 5.3(b) にあるように，スキルミオン格子の渦状の面内成分が実際に観測されている．

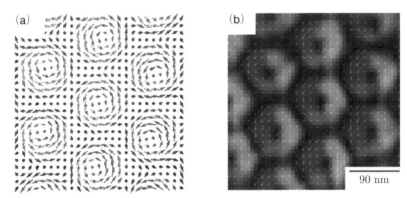

図 5.3 (a) スキルミオン格子(新居陽一氏作成の図)，(b) ローレンツ電子顕微鏡で観測したスキルミオン格子の実空間像(Yu ら[38])．

5.2 トポロジカル磁気超構造におけるホール効果

この節では，スキルミオン格子のような磁気超構造における「トポロジカルな効果」

80 第 5 章 磁気輸送現象とトポロジカル効果

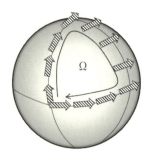

図 5.4 球面上の矢印の平行移動.

について考えてみよう．ここでのトポロジカルな効果は，図 5.4 に示した球面上の矢印の平行移動の効果と類似したものである．例えば，最初に赤道上のある点にあった矢印を北極を経由して赤道上の違う点に行き，また元の戻ってくるように矢印を平行移動していく過程を考えよう．ここでの平行移動は，矢印が必ず球面の接平面内にあるように行っているので，少し離れた点に矢印を平行移動した際には，その点の接平面へ射影するプロセスをとることになる．そのような形で平行移動させていくと，平行移動して元の地点に戻ったときに矢印の方向が回転していることがわかる．以下で示すように，これと類似した効果が，実はトポロジカル磁気構造上を伝搬する電子においても現れる．では，実際のトポロジカル磁気構造における輸送現象について考えてみよう．4.5 節で伝導電子が媒介となって誘起する磁気相互作用について述べた際に，伝導電子と局在磁気モーメントの間には交換相互作用が働いて平行になろうとすることを述べた．トポロジカル磁気構造において電子が運動する際には，図 5.5 のように，スピンが局在磁気モーメントの方向に向かされながら運動する．このプロセスを詳しく見ると，スピン方向を保存したまま隣りの原子サイトに移動して，そこでの

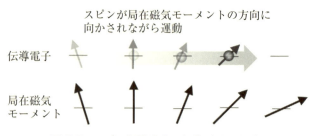

図 5.5 スピン超構造中の伝導電子の運動.

5.2 トポロジカル磁気超構造におけるホール効果 81

局在スピンの方向へと射影されていることになる．このようなプロセスは最初に述べた球面上の矢印の平行移動と類似しており，矢印の方向に当たるものが，電子の量子力学的な位相(ベリー位相)となる[39]．

ベリー位相を導入するため，次のようなことを考える．パラメータ $X_1, X_2, ...$ に依存したあるハミルトニアン $H(X_1, X_2, ...)$ があり，その固有状態 $|\varphi_n\rangle$，固有値 E_n も与えられているとする．これらもパラメータ $X_1, X_2, ...$ の関数である．$t = 0$ で電子は一つの固有状態(これを $n = m$ の状態とする)にあるとし，このパラメータをゆっくりと時間変化させることを考えよう．時刻 t での電子状態を

$$|\psi(t)\rangle = \sum_n c_n(t)|\varphi_n(t)\rangle \exp\left(-\frac{i}{\hbar}\int_0^t \tilde{E}_n(t')dt'\right) \tag{5.3}$$

と置く．ただし

$$\tilde{E}_n(t) = E_n(t) - i\hbar\langle\varphi_n|\dot{\varphi}_n\rangle \tag{5.4}$$

$$|\dot{\varphi}_n\rangle = \frac{\partial}{\partial t}|\varphi_n\rangle \tag{5.5}$$

である．上記の式を時間依存するシュレディンガー方程式

$$i\hbar\frac{\partial}{\partial t}|\psi\rangle = H|\psi\rangle \tag{5.6}$$

に代入し，$\langle\varphi_k|$ との内積を取ると

$$\frac{d}{dt}c_k(t) + \sum_{n\neq k} c_n\langle\varphi_k|\dot{\varphi}_n\rangle \exp\left(-\frac{i}{\hbar}\int_0^t (\tilde{E}_n(t') - \tilde{E}_k(t'))dt'\right) = 0 \tag{5.7}$$

が得られる．一方，固有方程式 $H(t)|\varphi_n(t)\rangle = E_n(t)|\varphi_n(t)\rangle$ の両辺を時間で微分し，左から $\langle\varphi_k|$ との内積を取ると

$$\langle\varphi_k|\dot{\varphi}_n\rangle = \frac{\langle\varphi_k|\frac{\partial H}{\partial t}|\varphi_n\rangle}{E_n - E_k} \tag{5.8}$$

が得られるので

$$\frac{d}{dt}c_k(t) = \sum_{n\neq k} c_n\frac{\langle\varphi_k|\frac{\partial H}{\partial t}|\varphi_n\rangle}{E_k - E_n} \exp\left(-\frac{i}{\hbar}\int_0^t (\tilde{E}_n(t') - \tilde{E}_k(t'))dt'\right) \tag{5.9}$$

が導かれる．この右辺はハミルトニアンの変化が十分ゆっくりの場合には小さくなることを示すことができる．これを**断熱定理**と言う(詳しくは，例えば，矢吹[40] を参照).

82　第5章　磁気輸送現象とトポロジカル効果

したがって，固有状態 $n = m$ にあるときに，パラメータが十分ゆっくり変化した場合，量子数 m は保存し

$$|\psi(t)\rangle = |\varphi_m\rangle \exp\left(-\frac{i}{\hbar}\int_0^t \tilde{E_m}(t')dt'\right) \tag{5.10}$$

$$= |\varphi_m\rangle \exp\left(-\frac{i}{\hbar}\int_0^t E_m(t')dt'\right) \exp(i\gamma_m(t)) \tag{5.11}$$

となる．ここで，上式 2 行目の第一の指数は通常の時間発展の位相である．一方，第二の指数因子

$$\gamma_m(t) = i\int \langle\varphi_m|\dot{\varphi_m}\rangle dt \tag{5.12}$$

は，$\langle\varphi_m|\varphi_m\rangle = 1$ を時間微分すると $\langle\varphi_m|\dot{\varphi_m}\rangle + \langle\dot{\varphi_m}|\varphi_m\rangle = 0$ が導かれるので実数であることが示される．また，パラメータがベクトル $\boldsymbol{X} = (X_1, X_2, X_3, ...)$ で表される空間上で閉ループをたどり，$t = T$ で元の値に戻る状況を考えるとすると

$$\gamma_m = i\int_0^T \langle\varphi_m|\dot{\varphi_m}\rangle dt$$

$$= i\int_0^T \langle\varphi_m|\nabla_X\varphi_m\rangle \cdot \dot{\boldsymbol{X}}dt \tag{5.13}$$

$$= i\oint \langle\varphi_m|\nabla_X\varphi_m\rangle \cdot d\boldsymbol{X} \tag{5.14}$$

と表される．このような位相因子を**ベリー位相**と言う．

　ここで本題に戻って，磁気超構造における電子の運動を考えよう．金属磁性体において，局在磁気モーメント $\boldsymbol{m}$ の方向が

$$\boldsymbol{m} = m_0(\sin\theta(\boldsymbol{r})\cos\phi(\boldsymbol{r}), \sin\theta(\boldsymbol{r})\sin\phi(\boldsymbol{r}), \cos\theta(\boldsymbol{r})) \tag{5.15}$$

のように表され，θ, ϕ が緩やかに空間変化しているとき，図 5.5 のように伝導電子のスピンは θ, ϕ の方向に向かされながら空間中を運動する．このときに獲得するベリー位相を求めよう．$S_z = \pm\hbar/2$ の固有状態を基底として用いて θ, ϕ を向いている伝導電子のスピン状態を表すと

$$|\theta, \phi\rangle = \left|\begin{matrix} \cos(\theta/2) \\ e^{i\phi}\sin(\theta/2) \end{matrix}\right\rangle \tag{5.16}$$

となる．空間座標が変化したときのベリー位相は，式 (5.14) の X を実座標 r に置き換えればよいので

$$\gamma = i \int \langle \theta, \phi | \nabla | \theta, \phi \rangle \cdot d\boldsymbol{r} \tag{5.17}$$

と表される．

アハラノフボーム効果との比較

この位相が電子のダイナミクスにどのように影響を与えるかを考えるために，ここでアハラノフボーム (AB) 効果と呼ばれる現象との比較を行おう．AB 効果は量子力学では電磁場ではなく電磁ポテンシャルが重要な役割を果たすことを示した有名な効果である．図 5.6 に AB 効果の概念図を示す．電子線源から二重スリットを通った電子線が干渉縞を示している．電子の上のスリットと下のスリットの間にコイルが存在しており，コイル内部にのみ磁場(磁束)を生じさせることができる．コイルは，十分小さく電子波の伝搬を妨げない位置に置かれていると仮定しよう．したがって，磁場は電子線に働かないので電子の運動に影響を与えないように思えるが，実はそうではない．磁場が存在しない場所でもベクトルポテンシャル $\boldsymbol{A}(\boldsymbol{r})$ が存在しており，電子の波動関数は

$$\psi = A \exp \left(i \frac{\boldsymbol{p}}{\hbar} \cdot \boldsymbol{r} - i \frac{e}{\hbar} \int \boldsymbol{A} \cdot d\boldsymbol{r} \right) \tag{5.18}$$

のように，通常の波動関数にベクトルポテンシャルの線積分に比例した位相項がつい

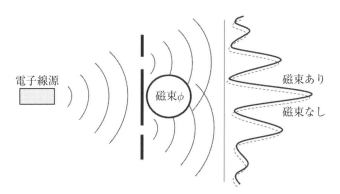

図 5.6 アハラノフボーム効果．

84　第5章　磁気輸送現象とトポロジカル効果

ている．電子の干渉パターンのベクトルポテンシャルによる変化は，上のスリットを経る経路 (upper) と下のスリットを経る経路 (lower) の位相差の変化であるので以下のように表される．

$$
\frac{(-e)}{\hbar}\int_{\mathrm{upper}}\boldsymbol{A}\cdot d\boldsymbol{r}-\frac{(-e)}{\hbar}\int_{\mathrm{lower}}\boldsymbol{A}\cdot d\boldsymbol{r}=-\frac{e}{\hbar}\oint\boldsymbol{A}\cdot\boldsymbol{r}
$$
$$
=-\frac{e}{\hbar}\int\nabla\times\boldsymbol{A}\cdot d\boldsymbol{S}=-\frac{e}{\hbar}\int\boldsymbol{B}\cdot d\boldsymbol{S}
\tag{5.19}
$$

したがって，電子はコイル内部の磁場の作用は受けなくても，コイルの外にも存在するベクトルポテンシャルによる位相変化が起こっていて，それによって干渉縞に変化が生じる．位相差の変化はコイル内部の磁束に比例している．このように量子力学では，磁場が直接作用するよりもベクトルポテンシャルが電子の位相に影響を与えそれを通じて電子のダイナミクスに影響を与えているように考えられる．

上記のベリー位相は，AB 効果による位相変化と類似している．したがって

$$
\boldsymbol{a}=-i\frac{\hbar}{e}\langle\theta,\phi|\nabla|\theta,\phi\rangle
\tag{5.20}
$$

がベリー位相による実効的なベクトルポテンシャルとして働き

$$
\boldsymbol{b}=\nabla\times\boldsymbol{a}
\tag{5.21}
$$

が実効磁場として働くことが期待される．

具体的に，xy 平面における局在磁気モーメントの変化でどのような z 方向の実効磁場が生じるか計算してみよう[41]．x および y に依存した磁気構造があるとすると，式 (5.16) を用いると，実効ベクトルポテンシャルは

$$
\boldsymbol{a}=-i\frac{\hbar}{e}\left(\langle\theta,\phi|\frac{\partial}{\partial x}|\theta,\phi\rangle,\langle\theta,\phi|\frac{\partial}{\partial y}|\theta,\phi\rangle,0\right)
$$
$$
=\frac{\hbar}{e}\left(\sin^2(\theta/2)\frac{\partial\phi}{\partial x},\sin^2(\theta/2)\frac{\partial\phi}{\partial y},0\right)
\tag{5.22}
$$

となる．これより，実効磁場の z 成分は

$$
b_z=(\nabla\times\boldsymbol{a})_z=\frac{\hbar}{2e}\sin\theta\left(\frac{\partial\theta}{\partial x}\frac{\partial\phi}{\partial y}-\frac{\partial\theta}{\partial y}\frac{\partial\phi}{\partial x}\right)=\frac{\hbar}{2em_0^3}\boldsymbol{m}\cdot\left(\frac{\partial\boldsymbol{m}}{\partial x}\times\frac{\partial\boldsymbol{m}}{\partial y}\right)
\tag{5.23}
$$

5.2 トポロジカル磁気超構造におけるホール効果

となる.

三つの磁気モーメント $m(x,y,z)$, $m(x+\Delta x, y, z)$, $m(x, y+\Delta y, z)$ が張る立体角は三つのスカラー三重積

$$m \cdot (m(x+\Delta x, y, z) \times m(x, y+\Delta y, z)) \approx m \cdot \left(\frac{\partial m}{\partial x} \times \frac{\partial m}{\partial y}\right) \Delta x \Delta y \quad (5.24)$$

に比例することが知られている.上記の実効磁場は,これに比例しており,xy 平面で局在スピンの立体角がどのくらい変化しているかによっている.

以上の議論を踏まえると,電子が磁気超構造上で閉ループをたどって元に戻るような運動をする際には,その内部でスピンの立体角がどのくらい変化しているかに比例したベリー位相を獲得する.トポロジカルな磁気構造のスキルミオン格子においては,スキルミオンの拡大図(図 5.7)をよく見ると,スキルミオンは中心が下向き,外側が上向きを向いており,中間では面内回転して渦状の構造を示している.つまり,スキルミオン一つでちょうどすべての立体角を占むようなトポロジカルな特徴がある.電子がスキルミオン格子上を運動をする際には,スキルミオンの密度に比例したベリー位相誘起の実効的な磁場が働き,電子は実効的なローレンツ力を受けてホール効果を起こすことになる.図 5.8 にスキルミオン格子におけるトポロジカルホール効果を示す[42].高圧下のスキルミオン格子相においてピーク状の磁場依存性を示しており,スキルミオン格子相でホール効果が増大していることを示している.

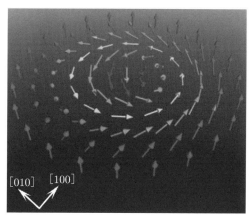

図 5.7 一つのスキルミオンの拡大図(Yu ら[38]).

86　第5章　磁気輸送現象とトポロジカル効果

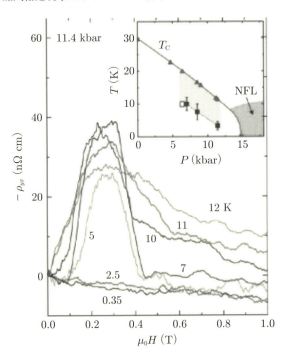

図 5.8　MnSi の高圧力下のスキルミオン格子におけるトポロジカルホール効果 (Min-hyea Lee ら[42]).

5.3　運動量空間のトポロジカル磁気構造によるホール効果

　第4章では，多くの場合には，電子は位置と運動量がほぼ決まった半古典的な性質を持つことを述べた．5.2節で実空間のトポロジカル構造が輸送現象に与える影響について議論したが，波数空間にトポロジカルな磁気構造があれば類似の現象が観測されると期待される．本節では，そのような波数空間のトポロジカルな磁気構造によるホール効果について議論する．

　波数空間のトポロジカルな磁気構造の例として，ラシュバ分裂したバンド構造を例にとろう[43]．表面や界面など空間反転対称性が破れて極性があるような系では，**ラシュバ型スピン軌道相互作用**と呼ばれる次のような相互作用が働く[44]．

5.3 運動量空間のトポロジカル磁気構造によるホール効果　87

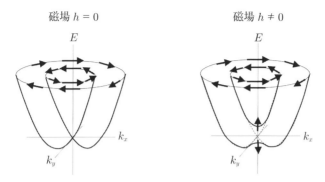

図 5.9 ラシュバ相互作用よるスピン分裂とその磁場効果.

$$H_{\mathrm{R}} = A\boldsymbol{e}_z \cdot (\boldsymbol{s} \times \boldsymbol{k}) \tag{5.25}$$

ここで，$\boldsymbol{e}_z$ は極性の方向（ここでは z 方向とする）の単位ベクトルであり，$\boldsymbol{k} = (k_x, k_y, k_z)$，$\boldsymbol{s}$ は伝導電子の波数とスピンである．この相互作用の起源や対称性を用いた考察は第 7 章で行うこととして，ここではこの相互作用を前提として話を進めよう．ラシュバ相互作用が存在すると，固有状態のスピン状態は波数 $\boldsymbol{k}$ に依存するようになり，図 5.9 のように k_x-k_y 面内で $\boldsymbol{k} = 0$ の周りを回転するようなスピン構造を取り，回転方向は二つのバンドで逆になっている．磁場 h が印加されていないときには，$\boldsymbol{k} = 0$ において二つのバンドが交差してスピン縮退している点がある．h を z 方向に印加するとこの縮退はほどけてギャップが生じる．磁場下における一つのバンドの波数空間のスピン構造は，スキルミオンと類似性があることがわかる．$\boldsymbol{k} = 0$ ではスピンは上向きもしくは下向きを向いて波数の絶対値が大きい領域ではスピンは面内で回転しており，全体ではスピンが上半面もしくは下半面の立体角半分を覆うような構造となっている．このような構造においては，実空間におけるスキルミオンと同様に，波数空間の運動によってベリー位相が発生することが期待される．

それでは，波数空間のベリー位相がどのようにホール効果に現れるか見ていこう[45]．そのために電場 $\boldsymbol{E}$ 下での速度演算子 v の期待値 $\langle v \rangle$ を考えてみよう．n 番目のバンドの波数 $\boldsymbol{k}$ の状態を $|n\boldsymbol{k}\rangle$ で表現すると

$$\langle \boldsymbol{v} \rangle = \langle n\boldsymbol{k}|\boldsymbol{v}|n\boldsymbol{k}\rangle + \sum_{n' \neq n} \frac{\langle n\boldsymbol{k}|\boldsymbol{v}|n'\boldsymbol{k}\rangle \langle n'\boldsymbol{k}|e\boldsymbol{E}\cdot\boldsymbol{r}|n\boldsymbol{k}\rangle}{\varepsilon_{n\boldsymbol{k}} - \varepsilon_{n'\boldsymbol{k}}} + \mathrm{C.C.} \tag{5.26}$$

となる．第 1 項は通常のバンド電子の速度 $\hbar^{-1}\frac{\partial \varepsilon}{\partial \boldsymbol{k}}$ を与える．第 2 項は**異常速度**と呼

88 第5章 磁気輸送現象とトポロジカル効果

ばれる Karplus と Luttinger によって指摘された項である[46]. これは, 電場や速度演算子のバンド間遷移を介した遷移によって生じているものである. この異常速度によるホール効果を詳しく見ていこう. y 方向に電場 E_y を印加したときに n バンドの電子が異常速度項によって x 方向に流れるホール電流 j_x は

$$
\begin{aligned}
j_x &= -\int \frac{d^3k}{(2\pi)^3} e v_x f(\epsilon_{n,k}) \\
&= -e^2 \int \frac{d^3k}{(2\pi)^3} f(\epsilon_{n,k}) \sum_{n' \neq n} \frac{\langle nk|v_x|n'k\rangle\langle n'k|y|nk\rangle + \langle nk|y|n'k\rangle\langle n'k|v_x|nk\rangle}{\varepsilon_{nk} - \varepsilon_{n'k}} E_y
\end{aligned}
$$

(5.27)

となる. 速度演算子が満たす関係

$$
\boldsymbol{v} = \frac{1}{i\hbar}[\boldsymbol{r}, H]
$$

(5.28)

を用いると

$$
\langle n'\boldsymbol{k}|\boldsymbol{v}|n\boldsymbol{k}\rangle = \frac{1}{i\hbar}\langle n'\boldsymbol{k}|\boldsymbol{r}H - H\boldsymbol{r}|n\boldsymbol{k}\rangle = \frac{1}{i\hbar}(\epsilon_{n\boldsymbol{k}} - \epsilon_{n'\boldsymbol{k}})\langle n'\boldsymbol{k}|\boldsymbol{r}|n\boldsymbol{k}\rangle
$$

(5.29)

の関係が得られる. 一方で, 波数表示されたハミルトニアン $H(\boldsymbol{k})$ を用いると

$$
\boldsymbol{v}|n\boldsymbol{k}\rangle = \frac{\partial H(\boldsymbol{k})}{\partial(\hbar\boldsymbol{k})}|n\boldsymbol{k}\rangle = \frac{1}{\hbar}\frac{\partial}{\partial\boldsymbol{k}}\left(H|n\boldsymbol{k}\rangle\right) - \frac{1}{\hbar}H\frac{\partial|n\boldsymbol{k}\rangle}{\partial\boldsymbol{k}}
$$

(5.30)

となるが, これを用いると

$$
\langle n'\boldsymbol{k}|\boldsymbol{v}|n\boldsymbol{k}\rangle = \frac{1}{\hbar}(\epsilon_{n\boldsymbol{k}} - \epsilon_{n'\boldsymbol{k}})\langle n'\boldsymbol{k}|\frac{\partial}{\partial\boldsymbol{k}}|n\boldsymbol{k}\rangle
$$

(5.31)

が得られる. これらの関係を使って, $j_x = \sigma_{xy} E_y$ を満たすホール伝導度を書き直そう. まず, 式 (5.29) を用いると, 式 (5.27) から

$$
\sigma_{xy} = -ie^2\hbar\int \frac{d^3k}{(2\pi)^3} f(\epsilon_{n,k}) \sum_{n' \neq n} \frac{\langle nk|v_x|n'k\rangle\langle n'k|v_y|nk\rangle - \langle nk|v_y|n'k\rangle\langle n'k|v_x|nk\rangle}{(\varepsilon_{nk} - \varepsilon_{n'k})^2}
$$

(5.32)

この表式は, 線形応答の係数を表す久保公式と一致している. さらに, 式 (5.31) を用いると

5.3 運動量空間のトポロジカル磁気構造によるホール効果 89

$$\sigma_{xy} = i\frac{e^2}{\hbar} \int \frac{d^3k}{(2\pi)^3} f(\epsilon_{n,\boldsymbol{k}}) \sum_{n' \neq n} \Big(\langle n\boldsymbol{k}| \frac{\partial}{\partial k_x} |n'\boldsymbol{k}\rangle \langle n'\boldsymbol{k}| \frac{\partial}{\partial k_y} |n\boldsymbol{k}\rangle$$
$$-\langle n\boldsymbol{k}| \frac{\partial}{\partial k_y} |n'\boldsymbol{k}\rangle \langle n'\boldsymbol{k}| \frac{\partial}{\partial k_x} |n\boldsymbol{k}\rangle \Big) \quad (5.33)$$

が得られる. ここで

$$0 = \frac{\partial}{\partial \boldsymbol{k}} \delta_{n,n'} = \frac{\partial}{\partial \boldsymbol{k}} \langle n\boldsymbol{k}|n'\boldsymbol{k}\rangle = \Big(\frac{\partial}{\partial \boldsymbol{k}}\langle n\boldsymbol{k}|\Big)|n'\boldsymbol{k}\rangle + \langle n\boldsymbol{k}|\Big(\frac{\partial}{\partial \boldsymbol{k}}|n'\boldsymbol{k}\rangle\Big) \quad (5.34)$$

を用いると

$$\sigma_{xy} = -i\frac{e^2}{\hbar} \int \frac{d^3k}{(2\pi)^3} f(\epsilon_{n,\boldsymbol{k}}) \sum_{n' \neq n} \Big(\Big(\frac{\partial}{\partial k_x}\langle n\boldsymbol{k}|\Big)|n'\boldsymbol{k}\rangle \langle n'\boldsymbol{k}|\Big(\frac{\partial}{\partial k_y}|n\boldsymbol{k}\rangle\Big)$$
$$-\Big(\frac{\partial}{\partial k_y}\langle n\boldsymbol{k}|\Big)|n'\boldsymbol{k}\rangle \langle n'\boldsymbol{k}|\Big(\frac{\partial}{\partial k_x}|n\boldsymbol{k}\rangle\Big)\Big)$$
$$(5.35)$$

となる. 和に $n = n'$ の項を加えても変わらないので

$$\sigma_{xy} = -i\frac{e^2}{\hbar} \int \frac{d^3k}{(2\pi)^3} f(\epsilon_{n,\boldsymbol{k}}) \Big(\Big(\frac{\partial}{\partial k_x}\langle n\boldsymbol{k}|\Big)\Big(\frac{\partial}{\partial k_y}|n\boldsymbol{k}\rangle\Big) - \Big(\frac{\partial}{\partial k_y}\langle n\boldsymbol{k}|\Big)\Big(\frac{\partial}{\partial k_x}|n\boldsymbol{k}\rangle\Big)\Big)$$
$$= -i\frac{e^2}{\hbar} \int \frac{d^3k}{(2\pi)^3} f(\epsilon_{n,\boldsymbol{k}}) \Big(\frac{\partial}{\partial k_x}\langle n\boldsymbol{k}| \frac{\partial}{\partial k_y}|n\boldsymbol{k}\rangle - \frac{\partial}{\partial k_y}\langle n\boldsymbol{k}| \frac{\partial}{\partial k_x}|n\boldsymbol{k}\rangle \Big) \quad (5.36)$$

となる. ここで

$$\boldsymbol{a} = (a_x, a_y, a_z) = -i\langle n\boldsymbol{k}| \frac{\partial}{\partial \boldsymbol{k}} |n\boldsymbol{k}\rangle \quad (5.37)$$

と置こう. これは**ベリー接続**と呼ばれる量であり, $\boldsymbol{k}$ 空間のベクトルポテンシャルに対応するものである. これを $\boldsymbol{k}$ で線積分すれば k 空間でのベリー位相となる. すると**ホール伝導度**は

$$\sigma_{xy} = \frac{e^2}{\hbar} \int \frac{d^3k}{(2\pi)^3} f(\epsilon_{n,\boldsymbol{k}}) \Big(\frac{\partial a_y}{\partial k_x} - \frac{\partial a_x}{\partial k_y} \Big) \quad (5.38)$$

と表される. ここで $\frac{\partial a_y}{\partial k_x} - \frac{\partial a_x}{\partial k_y}$ は $\boldsymbol{k}$ 空間の**ベリー曲率** $\boldsymbol{b}_k = \nabla_k \times \boldsymbol{a}$ の z 成分である. このホール伝導度の式は, 発見者の名前から **TKNN**(Thouless–Kohmoto–Nightingale–den Nijs) **公式**と呼ばれている[47].

90 第 5 章 磁気輸送現象とトポロジカル効果

それでは得られたホール伝導度の表式を使って，最初に述べた磁場がかかったラシュバ系のホール効果を考えてみよう．そのために，ラシュバ相互作用に通常の運動エネルギーの項，ゼーマン項を合わせた次のようなハミルトニアンを仮定しよう．

$$
H = \begin{pmatrix} \gamma k^2 & 0 \\ 0 & \gamma k^2 \end{pmatrix} + \begin{pmatrix} h & 0 \\ 0 & -h \end{pmatrix} + \begin{pmatrix} 0 & i\alpha(k_x - ik_y) \\ -i\alpha(k_x + ik_y) & 0 \end{pmatrix}
$$

(5.39)

ここでは，スピンの z 成分 $s_z = \pm\hbar/2$ の固有状態を基底に取った行列表示で記述されている．第 1 項は運動エネルギーであり，k は 2 次元波数ベクトル $\boldsymbol{k} = (k_x, k_y)$ の大きさである．第 2 項はゼーマン項である．第 3 項がラシュバ相互作用を表しており，$\alpha = \hbar A/2$ である．この行列の固有値 $E_\pm$，固有ベクトル $\vec{A}_\pm$ を求めると

$$
E_\pm = \gamma k^2 \pm \sqrt{h^2 + \alpha^2 k^2}
$$
$$
\vec{A}_\pm = \left(\pm \frac{i(\pm h + \sqrt{h^2 + \alpha^2 k^2})}{\alpha(k_x + ik_y)}, 1 \right)
$$

(5.40)

のようになる．これが，図 5.9 に示した磁場下の二つのバンドのエネルギーとスピン状態に対応する．ここでは $\vec{A}_\pm$ は $s_z = \pm\hbar/2$ の固有状態を基底に取って各 k 点におけるスピン状態を表したものである．ただし規格化されていない．この表式を用いるとベリー接続は

$$
\boldsymbol{a}_\pm = -i \frac{\vec{A}_\pm^*}{|\vec{A}_\pm|} \cdot \frac{\partial}{\partial \boldsymbol{k}} \left(\frac{\vec{A}_\pm}{|\vec{A}_\pm|} \right)
$$

(5.41)

であり，ベリー曲率の z 成分は

$$
(\boldsymbol{b}_k)_z = (\nabla_k \times a_\pm)_z
$$
$$
= \mp \frac{\alpha^2 h}{2(h^2 + \alpha^2 k^2)^{3/2}}
$$

(5.42)

となる[43]．得られたベリー曲率を波数 k の関数として図示したものが**図 5.10** である．波数ゼロのもともとバンド交差点があったところで，大きなベリー曲率が存在しているのがわかる．つまり，交差点付近のトポロジカル構造がベリー位相を与え，ホール効果を生じさせることがわかった．

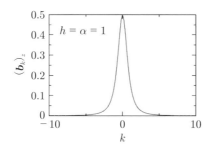

図 5.10 ラシュバ系におけるベリー曲率の波数依存性.

5.4 強磁性体における異常ホール効果

5.3 節で述べた運動量空間におけるベリー位相の効果は，古くからよく知られた異常ホール効果と呼ばれる現象と関係していることが明らかになってきた．図 5.11 に典型的な強磁性体のホール抵抗率の磁場依存性を示す．強磁性体におけるホール抵抗率は，通常の磁場に比例する正常項に加えて，磁化に比例する異常項が存在することが知られていた．この大きさは，単純に強磁性磁化が作り出す電磁気学的な意味での磁場の効果としては大きすぎるので，何らかのスピン軌道相互作用が関係した効果であろうと考えられていた．より詳しい微視的メカニズムに関しても理論的にいくつか提案されていた．そのうちのいくつかは，スピン軌道相互作用の影響を受けた散乱によるものである．図 5.12 に，散乱起源(外因性)の二つのメカニズムを示す．一つは，

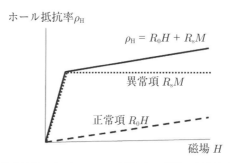

図 5.11 典型的な強磁性体におけるホール抵抗率．磁場に比例した正常項と磁化に比例した異常項の重ね合わせとして理解できる．

スキュー散乱で散乱による電子の進む方向変化の偏りによるものである．もう一つは，サイドジャンプで散乱による電子の位置の変化である．これらのメカニズムに対して，KarplusとLuttingerは，5.3節で述べた異常速度に基づく内因性のメカニズムを提案した[46]．2000年代以降になって，これが運動量空間のベリー位相と関係することが明らかになった[48]．

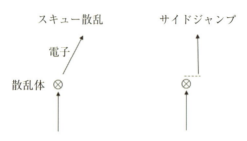

図 5.12 スキュー散乱とサイドジャンプ．

5.3節では，運動量空間におけるラシュバ型のスピン分裂がベリー位相を生み出すことを述べた．このスピン分裂は，空間対称性が破れている場合に限られるが，異常ホール効果は空間反転対称性の有無に関わらず広く観測される．実は上記のようなベリー位相のメカニズムは，軌道もしくはバンドの自由度でも生み出すことができる．タイトバインディングモデルの描像では，s軌道やp軌道といった原子軌道が重なり積分により広がりを持ち，バンドを形成する．広がりが大きくなって，バンドが交差したりほぼ縮退したりする場合にはバンドの混成が強くなり，なおかつ混成の仕方が波数kに依存してくる場合がある．例えば，s軌道状態$|s\rangle$とp軌道状態$|p\rangle$を上向きスピン$|\uparrow\rangle$と$|\downarrow\rangle$に置き換えたときにバンド内でトポロジカル磁気構造となるなら，ベリー位相が同様に働くだろう．このような擬スピンのトポロジカル構造がスピン軌道相互作用によって強磁性磁化と結合していれば異常ホール効果として現れることが期待される．図5.13には，例としてスピン軌道相互作用と強磁性交換相互作用を導入した二次元格子における，$3d$軌道のうちt_{2g}軌道と呼ばれる三つの軌道成分（スピンを考慮すると6成分）からなるバンドとそのベリー曲率を示す[49]．(a)に示しているのは，スピン縮退がほどけたt_{2g}軌道の6本のバンド分散である．下から4番目と5番目のバンドが$(0,0)$と$(\pm\pi/2,\pm\pi/2)$付近で非常に距離が近くなっているのがわかる．(b)は5番目のベリー曲率を示す．$(0,0)$と$(\pm\pi/2,\pm\pi/2)$でベリー曲率が大

5.4 強磁性体における異常ホール効果 93

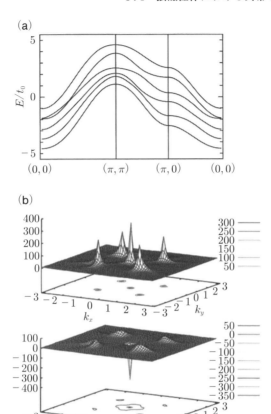

図 5.13 (a) スピン軌道相互作用と強磁性交換相互作用を導入した二次元格子における t_{2g} 軌道のバンド．(b) 下から 5 番目の軌道のベリー曲率(Onoda と Nagaosa[49])．

きく増大している．このようなバンド縮退点での大きなベリー曲率は現実的な物質のバンド計算でも多く現れており，これらが多くの場合異常ホール効果の起源になっていると考えられている．

このような運動量空間のベリー曲率の大きな特徴は，電子の散乱には全くよらずバンド構造のみでホール電流が発生することである．通常の電気伝導は，外場による加速と散乱の釣り合いによって決まり，電気伝導度は散乱確率の逆数に比例する．一方で，式 (5.38) で表されるベリー位相誘起のホール効果は散乱に依存せず，バンド構造

94 第5章 磁気輸送現象とトポロジカル効果

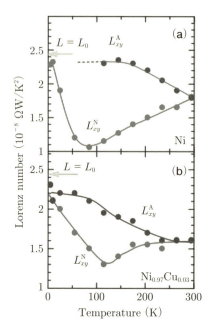

図 5.14 単体 Ni とそこに Cu を少量ドープした試料における正常ホール効果と異常ホール効果のローレンツ数(Onose ら[50]).

のみによって決まる性質を持つ．実際に，そのような性質があるのか多くの検証が実験的にも行われた．ここでは，その中でローレンツ数を用いたものを紹介しよう[50]．図 5.14 は，強磁性体である単体 Ni と，そこに Cu を 3%ドープした試料における正常ホール効果と異常ホール効果のローレンツ数 (L_{xy}^{N}, L_{xy}^{A}) を示している．これは，通常のホール伝導度 σ_{xy} に加えて熱流のホール伝導度 κ_{xy} を測定し，$\sigma_{xy} = \sigma_{xy}^{N} + \sigma_{xy}^{A}$，$\kappa_{xy} = \kappa_{xy}^{N} + \kappa_{xy}^{A}$ のようにそれぞれを磁場に比例する**正常項** (normal part) と磁化に比例する**異常項** (anomalous part) に分離した．そして，正常ホール効果と異常ホール効果のローレンツ数を $L_{xy}^{N} = \frac{\kappa_{xy}^{N}}{T\sigma_{xy}^{N}}$，$L_{xy}^{A} = \frac{\kappa_{xy}^{A}}{T\sigma_{xy}^{A}}$ のように求めたものである．第 4 章で述べたように，熱と電気の伝導度テンソルの対角項に関する通常のローレンツ数 $L_{xx} = \frac{\kappa_{xx}}{T\sigma_{xx}}$ は，有限温度では非弾性散乱のためにビーデマン–フランツ則によって定められた量 L_0 から減少する．ホール成分に関しても同様な性質があることがわかっており，単体 Ni と Cu ドープ試料では正常ホール効果のローレンツ数 L_{xy}^{N} は，最低温から温度を上げると $L_{xy}^{N} \approx L_0$ から減少しており，非弾性散乱の効果が現れて

いることがわかる．一方で異常項のローレンツ数は，低温では $L_{xy}^{A} \approx L_0$ のまま温度変化しておらず，これは，異常ホール流がそのベリー位相起源の性質を反映して，少なくとも低温では非弾性散乱にほとんどよらないといった性質があることを表している．

最後に，実空間のベリー位相によるホール効果と，波数空間のベリー位相によるホール効果で性質が異なることを述べておこう．実空間のベリー位相による実効磁場 $\boldsymbol{b}_r$，波数空間のベリー曲率 $\boldsymbol{b}_k$ が存在するときの半古典的運動方程式[51] は

$$\frac{d\boldsymbol{r}}{dt} = \frac{1}{\hbar}\frac{\partial \epsilon}{\partial \boldsymbol{k}} - \frac{e}{\hbar}\boldsymbol{b}_k \times \boldsymbol{E} \tag{5.43}$$

$$\hbar\frac{d\boldsymbol{k}}{dt} = -e\left(\boldsymbol{E} + \frac{d\boldsymbol{r}}{dt} \times (\boldsymbol{B} + \boldsymbol{b}_r)\right) \tag{5.44}$$

と表されることが知られている．式 (5.43) の第 2 項は，$\boldsymbol{b}_k$ による異常速度を表したものである．これによるホール伝導度は TKNN 公式で表され，$\rho_{xx} \propto 1/\tau$ によらない．一方，$\boldsymbol{b}_r$ は，磁場 $\boldsymbol{B}$ と同じ働きをするのでローレンツ力を与えることになる．この場合，トポロジカルなホール抵抗率は，ホール係数 R_H を使って $\rho_{yx} = R_H b_r$ と表され，ホール伝導度は $\sigma_{xy} = \frac{\rho_{yx}}{\rho_{xx}^2 + \rho_{yx}^2} \approx \frac{R_H b_r}{\rho_{xx}^2}$ となるので，ρ_{xx} の 2 乗に反比例している（ホール抵抗率とホール伝導度は互いに逆行列の関係にあることに注意）．このような性質は，スキルミオン磁気構造が発現する MnGe におけるスキルミオンによる（実空間のベリー位相によって誘起した）トポロジカルホール効果と，波数空間のベリー位

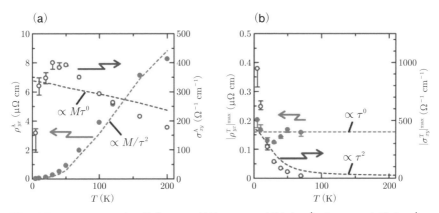

図 5.15　MnGe における異常ホール効果のホール抵抗率 ρ_{yx}^{A} とホール伝導度 σ_{xy}^{A}，スキルミオン磁気構造によるトポロジカルホール効果のホール抵抗率 ρ_{yx}^{T} とホール伝導度 σ_{xy}^{T}（Kanazawa ら[52]）．

相によって誘起した異常ホール効果の違いに反映されている[52]．図 5.15 に，MnGe における異常ホール効果のホール抵抗率 ρ_{yx}^{A} とホール伝導度 σ_{xy}^{A}，スキルミオン磁気構造によるトポロジカルホール効果のホール抵抗率 ρ_{yx}^{T} とホール伝導度 σ_{xy}^{T} の温度依存性を示す．この物質では散乱確率に比例する縦抵抗率 $\rho_{xx} \propto 1/\tau$ が大きく温度変化しているが，異常ホール効果のホール伝導度は磁化の温度変化と類似しており，散乱確率にはあまり依存していないようである．一方で，ホール抵抗率は $1/\tau^2$ に比例する急峻な温度変化を示す．トポロジカルホール効果の場合は，逆にホール抵抗率 ρ_{yx}^{T} はあまり温度変化しておらず，ホール伝導度 σ_{xy}^{T} は τ^2 にほぼ比例する大きな温度変化を示す．このような結果は，実空間と波数空間のベリー位相の違いによって自然に説明できる．

5.5 スピンホール効果，量子異常ホール効果，トポロジカル絶縁体

この章を締めくくるにあたり，上記のベリー位相誘起の異常ホール効果と，近年盛んに研究されている関連した現象であるスピンホール効果，量子異常ホール効果，トポロジカル絶縁体との関係を定性的，俯瞰的に述べておきたい．

図 5.16 のように，正常ホール効果は外部磁場があるときスピン状態に関わらずローレンツ力によって電流が曲げられることによって生じるが，異常ホール効果は有限のスピン分極がある強磁性体の場合にスピン状態に応じて電子の軌道が曲げられる効果となっている．もしこのような効果が磁場や磁化がない場合にも存在するならば，縦

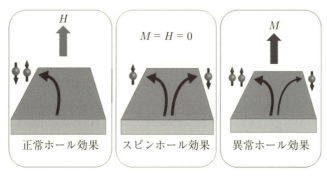

図 5.16　正常ホール効果，スピンホール効果，異常ホール効果．

5.5 スピンホール効果，量子異常ホール効果，トポロジカル絶縁体　97

方向に電場を印加したときにスピン方向に依存して電子の軌道が曲げられ，結果として横方向に電流は流れないがスピンの流れ(スピン流)が誘起される．このような効果をスピンホール効果と言う[53]．この効果はまず理論提案がなされ[54, 55]，その後，半導体 GaAs に電流を流した際の試料端におけるスピン蓄積が光学的に観測されたことで実験的に確認された[56]．さらに，その逆効果が強磁性合金(パーマロイ)と Pt の二層デバイスにおいてスピンポンピングと呼ばれる手法を用いて観測されている[57]．スピンホール効果は，スピントロニクス分野で研究されているナノスケールのデバイスや多層構造において，異なる物質間での角運動量の受け渡しを可能とするため重要な効果となっている．

　次に異常ホール効果の量子化について述べたい．フェルミエネルギーがバンドギャップにあり $\sigma_{xx} = 0$ となっている状態で，TKNN 公式で表されるホール伝導度が有限となることがある．このような場合には，二次元系では n を整数として

$$\sigma_{xy} = \frac{e^2}{h} n \tag{5.45}$$

となることが知られている[47]．ここでの n は，例えば，スピンが内部自由度となって波数空間で変化している場合には，スピンがすべての立体角をバンド内で覆う回数に対応している．つまり，フェルミ面上でギャップが開いた状態で，電子が完全に詰まったバンドの電子スピンがすべての立体角を覆うような構造を示す場合には，ホール伝導度が有限になり量子化する．

　このような状態を強磁性体の異常ホール効果で実現する簡単なモデルを，図 5.17 に示す[58]．まず，半導体や半金属から出発して，強磁性的な交換相互作用が導入されている．これによって，スピン縮退していたものが分裂し，二つの軌道は交差する．そこにスピン軌道相互作用を導入すると

$$\lambda \boldsymbol{L} \cdot \boldsymbol{S} = \lambda(L^+ S^- / 2 + L^- S^+ / 2 + L_z S_z) \tag{5.46}$$

のように，上下二つのスピン状態を混成させギャップを開ける効果がある．これらの結果として，一つのバンド内で上向きから下向きへ波数に依存して移り変わるようになり，その途中は混成して水平面内を向いていて，二次元のブリルアンゾーン内ですべての立体角を覆うようになる．もし，エネルギーギャップ中にフェルミエネルギーがある場合には，$\sigma_{xx} = 0$ で $\sigma_{xy} = \frac{e^2}{h}$ の量子異常ホール状態が実現する．量子異常ホール状態は磁性をドープした Bi_2Se_3 で実際に観測されている[59]．

98　第5章　磁気輸送現象とトポロジカル効果

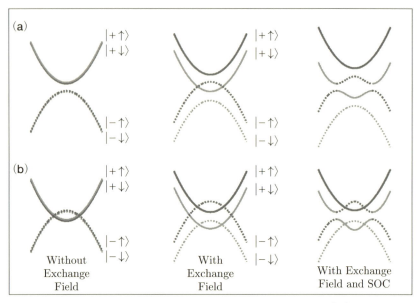

図 5.17　量子異常ホール効果を実現するモデル(Yu ら[58]).

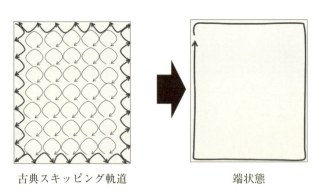

図 5.18　量子異常ホール状態における端状態.

このような量子ホール状態とは，微視的にはどのような電子状態だろうか？ベリー曲率が有限の状態は，直感的には磁束のような状態で満たされていると考えられる．古典的に考えれば，この状態では図 5.18 のように内部では閉じた軌道を取る．しかし，端では跳ね返りながら伝わっていくスキッピング軌道を取ることにより，局在せずに

5.5 スピンホール効果, 量子異常ホール効果, トポロジカル絶縁体　99

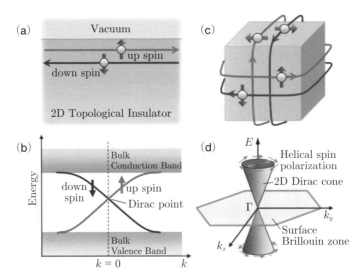

図 5.19 量子スピンホール状態(二次元トポロジカル絶縁体)と三次元トポロジカル絶縁体(Ando[60]). (a) 量子スピンホール状態の端状態, (b) 量子スピンホール状態のエネルギー分散, (c) 三次元トポロジカル絶縁体の表面状態, (d) 三次元トポロジカル絶縁体のエネルギー分散.

遍歴するものになっている. 量子ホール状態では, このスキッピング軌道に対応する端状態によって内部ではエネルギーギャップが形成されているのにも関わらず, 量子化されたホール伝導度が観測される.

異常ホール効果だけでなく, 二次元系でスピンホール効果が量子化した量子スピンホール状態も存在する. この場合, 図 5.19 のようにアップスピンとダウンスピンの二つの端状態が存在しており, その向きは互いに逆になっている[60]. 近年, トポロジーの効果で三次元的な物質内部では絶縁体となっているにも関わらず, 表面で金属的なバンドを持つ**トポロジカル絶縁体**と呼ばれるものが注目されている. この表面状態では, 図 5.19 のようにラシュバ分裂したバンドの片割れのようなスピン分裂したバンド構造となっているが, これは量子スピンホール状態の三次元版とみなすことができる.

6

第6章

マグノン励起とトポロジカル効果・非相反性

　マグノンは，磁性体中で微小な歳差運動が磁気相互作用によって結晶全体に広がった量子波である．この章では，ジャロシンスキー—守谷相互作用がマグノンにトポロジカルな効果や非相反性(伝搬の一方向性)を与えることや，電気磁気相関が誘起するマグノン励起エネルギー付近の電磁波伝搬の非相反性などについて解説する．最後に，マグノン以外のものも含めた非相反応答の一般論についても触れる．

6.1　強磁性体のマグノン励起

単一磁気モーメントの歳差運動

　マグノン励起について述べる前に，まず，単一の磁気モーメントが磁場中でどのように運動するか述べよう．

　古典電磁気学によれば，磁気モーメント m は磁場中でエネルギー

$$U = -m \cdot B \tag{6.1}$$

を持ち，トルク

$$K = m \times B \tag{6.2}$$

を受ける．ニュートン力学によれば，これは角運動量の時間微分に等しい．これらの関係をもとに，孤立したスピン角運動量 $\hbar S$ による磁気モーメント $m = -g\mu_{\mathrm{B}} S$ のダイナミクスを考えてみよう．運動方程式は次のように表される．

$$\hbar \frac{dS}{dt} = -g\mu_{\mathrm{B}} S \times B \tag{6.3}$$

$B = (0, 0, B)$ とし，成分ごとに表すと

$$\frac{dS_x}{dt} = -\gamma B S_y \tag{6.4}$$

101

102　第6章　マグノン励起とトポロジカル効果・非相反性

$$\frac{dS_y}{dt} = \gamma B S_x \tag{6.5}$$

$$\frac{dS_z}{dt} = 0 \tag{6.6}$$

となる．ただし，$\gamma = g\mu_{\mathrm{B}}/\hbar$ である．これらを解くと

$$S_x = A\cos(\gamma B t + \phi) \tag{6.7}$$

$$S_y = A\sin(\gamma B t + \phi) \tag{6.8}$$

$$S_z = \text{一定} \tag{6.9}$$

となり，スピンが磁場との角度を一定に保ったまま角周波数 $\omega = \gamma B$ で回転する歳差運動をすることがわかる．この運動は複素数を用いて

$$S_\pm = S_x \pm iS_y = \tilde{A}\exp(\pm i\gamma B t) \tag{6.10}$$

と表すこともできる（ただし $\tilde{A}$ は複素数の定数）．スピンが完全に孤立していれば歳差運動は永遠に続くが，現実の物質中では伝導電子やフォノンなどとの散乱によって散逸が生じ，最終的にはスピンによる磁気モーメントは，磁場の方向に向き静止することになる．このような散逸は，摩擦などと類似してスピンの時間微分に比例して，歳差運動する際はその運動の中心方向（スピンの方向 $\boldsymbol{s}$ と運動の方向 $\frac{d\boldsymbol{S}}{dt}$ の外積の方向）にトルクを与えるはずである．そのような散逸項として，ギルバートダンピング項 $-\frac{\alpha}{S}\boldsymbol{S} \times \frac{d\boldsymbol{S}}{dt}$ がよく用いられる．これを加えると，運動方程式は

$$\hbar\frac{d\boldsymbol{S}}{dt} = -g\mu_{\mathrm{B}}\boldsymbol{S} \times \boldsymbol{B} - \frac{\alpha}{S}\boldsymbol{S} \times \frac{d\boldsymbol{S}}{dt} \tag{6.11}$$

となる．この方程式を用いると歳差運動の振幅が徐々に減少し，やがて磁場の方向に向くような運動を表すことができる．

強磁性体における古典スピン波理論

　磁性体中では，磁気モーメントは孤立しておらず，互いに相互作用をしている．したがって，磁気モーメントが歳差運動すれば，相互作用を介して隣りのサイトに伝搬していく．このような歳差運動の波は古典的には**スピン波**と呼ばれるものであり，それを量子化したものが**マグノン**である．

6.1 強磁性体のマグノン励起 103

磁性体中のスピン角運動量が一方向に整列し，強磁性秩序を示すとしよう．このとき，スピン角運動量を古典的なベクトルとして取り扱い，スピン波励起を記述する．強磁性体のハミルトニアンは磁場中では

$$H = -J \sum_{\text{N.N.}} \boldsymbol{S}_i \cdot \boldsymbol{S}_j + \sum_i g\mu_{\text{B}} \boldsymbol{S}_i \cdot \boldsymbol{B} \tag{6.12}$$

となる．ここで，和記号の添え字 N.N. は i, j が最近接サイトで和を取ることを表している．これは，スピンの作る磁気モーメント $-g\mu_{\text{B}}\boldsymbol{S}_i$ は実効磁場

$$\boldsymbol{B}_i^{\text{eff}} = -\frac{J}{g\mu_{\text{B}}} \sum_{\text{N.N.}} \boldsymbol{S}_j + \boldsymbol{B} \tag{6.13}$$

を感じているとみなせる．これより，i サイトのスピン $\hbar\boldsymbol{S}_i = (\hbar S_{ix}, \hbar S_{iy}, \hbar S_{iz})$ にかかるトルクは

$$\hbar\frac{d\boldsymbol{S}_i}{dt} = -g\mu_{\text{B}}\boldsymbol{S}_i \times \boldsymbol{B}^{\text{eff}} = J \sum_{\text{N.N.}} \boldsymbol{S}_i \times \boldsymbol{S}_j - g\mu_{\text{B}}\boldsymbol{S}_i \times \boldsymbol{B} \tag{6.14}$$

となる．

外場 $\boldsymbol{B}$ の方向を $\boldsymbol{B} = (0, 0, B)$ のように z 方向に取って各成分ごとに書き下すと

$$\hbar\frac{dS_{ix}}{dt} = J \sum_{\text{N.N.}} (S_{iy}S_{jz} - S_{iz}S_{jy}) - g\mu_{\text{B}}S_{iy}B \tag{6.15}$$

$$\hbar\frac{dS_{iy}}{dt} = J \sum_{\text{N.N.}} (S_{iz}S_{jx} - S_{ix}S_{jz}) + g\mu_{\text{B}}S_{ix}B \tag{6.16}$$

$$\hbar\frac{dS_{iz}}{dt} = J \sum_{\text{N.N.}} (S_{ix}S_{jy} - S_{iy}S_{jx}) \tag{6.17}$$

となる．ここで我々が取り扱いたいのは，スピンがほぼ $-z$ 方向（磁気モーメントがほぼ $+z$ 方向）を向いているが微小に歳差運動している場合である．したがって，S_{ix}, S_{iy} は微小量として取り扱い，最後の式より z 方向のスピンの時間微分は二次の微小量に比例するのでここでは無視し，$S_{iz} \approx -S$ とする．これを第 1 式，第 2 式に代入すると

$$\hbar\frac{dS_{ix}}{dt} = -JS \sum_{\text{N.N.}} (S_{iy} - S_{jy}) - g\mu_{\text{B}}S_{iy}B \tag{6.18}$$

$$\hbar\frac{dS_{iy}}{dt} = -JS \sum_{\text{N.N.}} (S_{jx} - S_{ix}) + g\mu_{\text{B}}S_{ix}B \tag{6.19}$$

104　第 6 章　マグノン励起とトポロジカル効果・非相反性

となる. ここで

$$S_{i\pm} = S_{ix} \pm iS_{iy} \tag{6.20}$$

と置くと

$$\hbar\frac{dS_{i\pm}}{dt} = \pm iJS\sum_{\mathrm{N.N.}}(S_{i\pm} - S_{j\pm}) \pm ig\mu_{\mathrm{B}}S_{i\pm}B \tag{6.21}$$

となる. このとき

$$S_{i-} = \delta S \exp i(\boldsymbol{q}\cdot\boldsymbol{R}_i - \omega t) \tag{6.22}$$

のような解を仮定すると, スピン波の分散関係が得られる. 例えば, 格子定数 a の単純立方格子においては

$$\hbar\omega = 2JS(3 - \cos(q_x a) - \cos(q_y a) - \cos(q_z a)) + g\mu_{\mathrm{B}}B \tag{6.23}$$

となる. ただし, q_x, q_y, q_z は波数 $\boldsymbol{q}$ の x, y, z 成分である. ここでは, 単一の磁気モーメントの角周波数にも現れた磁場に比例する項に加えて, タイトバインディングモデルにおける電子の分散関係と類似した項が存在する. そのトランスファー積分に対応するのが交換相互作用 J となっている. スピン波においては交換相互作用 J が局所的な歳差運動を隣りのサイトに伝えるといった, まさにトランスファー積分のような役割を果たしていることを反映している.

ホルスタイン–プリマコフの方法

　次にマグノンを量子的に取り扱おう. マグノンを量子力学的に扱う方法にホルスタイン–プリマコフの方法と言うものがある. ハミルトニアンは先ほどと同様な次式のようなものとする.

$$H = -J\sum_{\mathrm{N.N.}}\boldsymbol{S}_i\cdot\boldsymbol{S}_j + \sum_i g\mu_{\mathrm{B}}\boldsymbol{S}_i\cdot\boldsymbol{B} \tag{6.24}$$

ここでは $\boldsymbol{B} = (0, 0, -B)$ として, 基底状態はスピンが $+z$ 方向に整列した強磁性状態にあるとしよう(古典の場合と磁場やスピンの符号を逆にしたのは, 下のマグノン演算子の定義を他文献と一致させるためであり, マグノンの分散関係などの結果には影響を与えない). 基底状態からスピンの歳差運動が起こって z 方向のスピンが減った

6.1 強磁性体のマグノン励起　105

状態が伝搬していくものがマグノンである．ハミルトニアンを

$$H = -J \sum_{\text{N.N.}} \left[S_i^z S_j^z + \frac{1}{2}(S_i^+ S_j^- + S_i^- S_j^+) \right] - g\mu_{\text{B}} B \sum_i S_i^z \tag{6.25}$$

のように書き換えてみると，交換相互作用によってマグノンが伝搬していくことが示される．ここで，マグノンをボゾン励起として定式化することを考えよう．S_i^z の固有値 $m = -S, -S+1, \ldots, +S$ を $+S$ から減らしていくことがボゾンの数を 0 から増やすとみなそう．そのような考えのもと，S_i^- とボゾン演算子 a_i^+ を状態 $|m\rangle$, $|n\rangle$ に作用させて比較してみよう．

$$S^- |m\rangle = \sqrt{(S+m)(S-m+1)} \, |m-1\rangle \tag{6.26}$$

$$a^+ |n\rangle = \sqrt{n+1} \, |n-1\rangle \tag{6.27}$$

ボゾンの数 n が $S-m$ だとすると，$\sqrt{S+m} = \sqrt{2S-n}$ の分だけ二つが異なる．したがって

$$S_i^- = (2S)^{1/2} a_i^+ \left(1 - \frac{a_i^+ a_i}{2S} \right)^{1/2} \tag{6.28}$$

とすれば，ボゾン励起に書き換えることができる．同様に

$$S_i^+ = (2S)^{1/2} \left(1 - \frac{a_i^+ a_i}{2S} \right)^{1/2} a_i \tag{6.29}$$

$$S_i^z = S - a_i^+ a_i \tag{6.30}$$

のように記述できる．このような変換を**ホルスタイン–プリマコフ**(Holstein–Primakoff)**変換**と言う．

　ボゾンの交換関係 $[a_i, a_i^+] = 1$ を仮定すると

$$[S_i^+, S_i^-] = \left[(2S)^{1/2} \left(1 - \frac{a_i^+ a_i}{2S} \right)^{1/2} a_i, (2S)^{1/2} a_i^+ \left(1 - \frac{a_i^+ a_i}{2S} \right)^{1/2} \right]$$

$$= 2S \left(\left(1 - \frac{a_i^+ a_i}{2S} \right)^{1/2} a_i a_i^+ \left(1 - \frac{a_i^+ a_i}{2S} \right)^{1/2} - a_i^+ \left(1 - \frac{a_i^+ a_i}{2S} \right) a_i \right)$$

$$= 2(S - a_i^+ a_i) = 2S_z \tag{6.31}$$

となり，通常のスピンの交換関係を満たしている．

106 第 6 章 マグノン励起とトポロジカル効果・非相反性

ここでは，a_i^+, a_i の二次までを残して

$$S_i^- \approx (2S)^{1/2} a_i^+ \tag{6.32}$$

$$S_i^+ \approx (2S)^{1/2} a_i \tag{6.33}$$

$$S_i^z = S - a_i^+ a_i \tag{6.34}$$

となる近似を採用する．この近似は，マグノンの数がそれほど多くないときに成り立つものである．これをハミルトニアンに代入すると

$$H \approx -NzJS^2/2 - Ng\mu_{\mathrm{B}}SB + JS \sum_{\mathrm{N.N.}} (a_i^+ a_i + a_j^+ a_j - a_i a_j^+ - a_i^+ a_j)$$

$$+ g\mu_{\mathrm{B}}B \sum_i a_i^+ a_i \tag{6.35}$$

となる．ここで，格子定数 a の単純立方格子を仮定し，フーリエ変換

$$a_i^+ = \frac{1}{\sqrt{N}} \sum_{\boldsymbol{q}} \exp(i\boldsymbol{q} \cdot \boldsymbol{R}_i) a_{\boldsymbol{q}}^+ \tag{6.36}$$

$$a_i = \frac{1}{\sqrt{N}} \sum_{\boldsymbol{q}} \exp(-i\boldsymbol{q} \cdot \boldsymbol{R}_i) a_{\boldsymbol{q}} \tag{6.37}$$

を代入すると

$$H \approx \sum_{\boldsymbol{q}} \Big((3 - \cos(q_x a) - \cos(q_y a) - \cos(q_z a)) 2JS + g\mu_{\mathrm{B}}B \Big) a_{\boldsymbol{q}}^+ a_{\boldsymbol{q}} + \text{定数}$$

$$\tag{6.38}$$

が得られる．カッコ内がマグノン一つのエネルギーを与えている．したがって，量子的に扱っても古典的な場合と同じマグノンのエネルギー

$$E = 2JS(3 - \cos(q_x a) - \cos(q_y a) - \cos(q_z a)) + g\mu_{\mathrm{B}}B \tag{6.39}$$

が得られる．

6.2 マグノン励起におけるトポロジカル効果・対称性の破れの効果

6.1 節で見たように，マグノンにおいて交換相互作用は電子系におけるトランスファー積分のように働く．それでは，ジャロシンスキー–守谷相互作用 $\boldsymbol{D} \cdot (\boldsymbol{S}_i \times \boldsymbol{S}_j)$ が存在

6.2 マグノン励起におけるトポロジカル効果・対称性の破れの効果　107

するとどのように働くだろうか？ D が z 方向に向いていると仮定して，ジャロシンスキー–守谷相互作用を次のように書き換えてみよう．

$$D(\boldsymbol{S}_i \times \boldsymbol{S}_j)_z = i\frac{D}{2}(S_i^+ S_j^- - S_i^- S_j^+) \tag{6.40}$$

この式から，マグノンにおいてはジャロシンスキー–守谷相互作用もトランスファー積分のように働くが，行列要素が純虚数になっていることがわかる．つまり，ジャロシンスキー–守谷相互作用はマグノンに位相を与えることになる．以下では，このようなジャロシンスキー–守谷相互作用が与えるマグノンの位相の効果として，マグノンホール効果とマグノンの非相反伝搬について述べよう．

マグノンホール効果

5.3 節では，ベリー位相によって電流が曲がりホール効果が起こることを述べた．ベリー位相の概念自体は電子に限られるわけではなく，量子力学に従う粒子に共通のものである．実際，光のホール効果が理論的に提案されて[61]，実験的にも観測されている[62]．ここでは，電子におけるベリー位相誘起ホール効果とのアナロジーを利用して定性的に強磁性マグノンのホール効果について述べる[63, 64]．

第 2 章で述べたように，二つの磁性サイトの中点を原点として空間反転をしたときに結晶構造が元のものと同じでなければ，ジャロシンスキー–守谷相互作用が存在することになる．そのような局所的な反転対称性がない結晶構造の一つの例がパイロクロア構造である（図 6.1）．パイロクロア構造は，頂点共有する四面体によって構成される結晶構造であり，磁性元素はその頂点の位置に占める．四面体の辺の中点周りでは反転対称性が明らかにない．第 2 章で述べたジャロシンスキー–守谷相互作用の対称性の規則を考慮すると，図 6.2(a) のような方向にベクトル $\boldsymbol{D}$ を持つ相互作用 $\boldsymbol{D} \cdot (\boldsymbol{S}_i \times \boldsymbol{S}_j)$ が働くことが導かれる．このジャロシンスキー–守谷相互作用によってパイロクロア構造の (111) 面でマグノンにどのように位相が与えられるかを示したのが図 6.2(b) である．パイロクロア構造の (111) 面はカゴメ格子となっており，六角形と三角形のループで構成されている．これらの閉ループに沿ってマグノンが伝搬して元に戻るときジャロシンスキー–守谷相互作用による位相は，三角形で ϕ であったら六角形で -2ϕ となる．ユニットセル内で和を取るとこれらの"仮想磁束"は打ち消し合うが，二つループの非等価性により波数空間では有限のベリー曲率が存在することが理論的に示されている．

108　第6章　マグノン励起とトポロジカル効果・非相反性

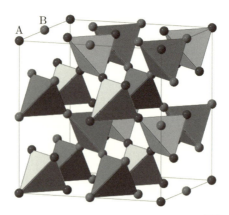

図 6.1 パイロクロア酸化物 $A_2B_2O_7$ の結晶構造(Ideue ら[63]). ただし, 酸素イオンは省略している. ここで取り上げる物質は B サイトの磁性イオンが強磁性的に整列したものである.

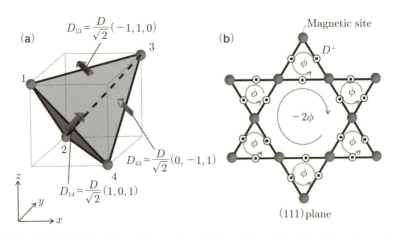

図 6.2 (a) 四面体上のジャロシンスキー—守谷ベクトル D. (b) パイロクロア構造 (111) 面上のジャロシンスキー—守谷ベクトルによる仮想磁束(Ideue ら[63]).

波数空間のベリー曲率によるマグノンのホール効果は, 強磁性絶縁体における熱のホール効果として観測することができる. 熱流は伝導キャリア(電子, ホール)やフォノン, マグノンによって担われるが, 絶縁体の場合キャリアの寄与がないので熱流は電気的に中性なフォノンとマグノンによって担われる. これらの中性粒子にはローレンツ力 $F = q(v \times B)$ は働かないので, 普通のホール効果は起こらないが, ベリー位

6.2 マグノン励起におけるトポロジカル効果・対称性の破れの効果 109

相によるホール効果なら起こってもよい.逆に言えば,絶縁体で熱流のホール効果が起これば,中性の粒子による非自明なホール効果が起こっている証拠になる.理論的にはマグノンホール効果による熱ホール伝導度は,n 番目のマグノンバンドの波数空間のベリー曲率 $\Omega_{n,\boldsymbol{q}}$ を用いて

$$\kappa_{xy} = -\frac{k_{\mathrm{B}}^2 T}{\hbar V} \sum_{n,\boldsymbol{q}} c_2(\rho_n)\Omega_{n,\boldsymbol{q}} \tag{6.41}$$

と表される[65].ここで,ρ_n は n 番目のバンドにおけるボーズ分布関数であり,$c_2(\rho) = (1+\rho)(\log\frac{\rho+1}{\rho})^2 - (\log\rho)^2 - 2\mathrm{Li}_2(-\rho)$ である($\mathrm{Li}_2(\rho)$ は多重対数関数と呼ばれる特殊関数).このようなマグノンホール効果の測定がいくつかの強磁性絶縁体で行われている.

図 6.3 には,パイロクロア結晶構造を持つ強磁性絶縁体である $\mathrm{In_2Mn_2O_7}$ における熱ホール伝導度の磁場依存性を示す[63].$T_\mathrm{C} \approx 130\,\mathrm{K}$ 以下で確かに有限のホール効果が観測されている.磁場依存性は磁化の磁場依存性と類似しており,低温に下げるにしたがって最初は徐々に大きくなっていくが 100 K 付近で大きさが最大となりそこから低温に向けて急速に下がっていく.上記のように,このような絶縁体のホール

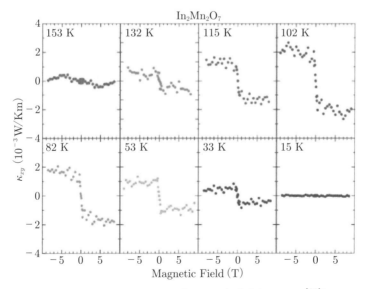

図 6.3 $\mathrm{In_2Mn_2O_7}$ における熱ホール伝導度(Ideue ら[63]).

効果の起源としてフォノンのホール効果とマグノンのホール効果の二つの可能性があり，低温に向けたホール効果の減少はこれらのボゾンの数が温度の低下と共に減少することで説明される．より詳細に実験データを見ると，二つの点でマグノンホール効果を支持する結果となっていることがわかる．一つは，低温における磁場依存性である．例えば 33 K のデータを見ると，磁場を印加していったん飽和したあとさらに磁場を印加すると緩やかに減少している．マグノンホール効果の立場に立てば，これはマグノン励起スペクトルに磁場でギャップが開いたことでマグノン数が減少することにより自然に説明することができる．もう一つは，高温のデータである．磁化は T_C 以上の 153 K においても 9 T 程度の磁場を印加すれば飽和磁化の半分程度の磁化が出るが，熱ホール伝導度はほとんど消失している．これも，マグノンが交換相互作用によって伝搬していることを考えると自然に理解できる．つまり，常磁性状態で強い磁場を印加し磁化を強制的に発現させても，交換相互作用は有効に働かないためマグノンは

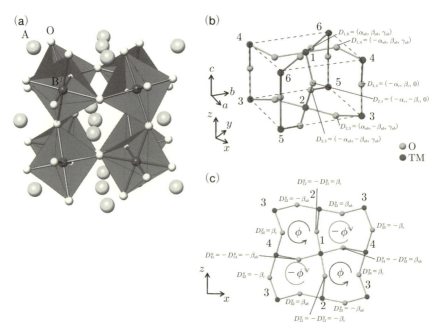

図 6.4 (a) $GdFeO_3$ 型に歪んだペロブスカイト構造．ここでは B サイトに入る遷移金属磁性イオンが強磁性を示す．(b) 対称性から決まるジャロシンスキー–守谷ベクトル，(c) (110) 面における仮想磁束 (Ideue ら[63])．

6.2 マグノン励起におけるトポロジカル効果・対称性の破れの効果　111

伝搬することができないのである.

もし，マグノンホール効果がジャロシンスキー–守谷相互作用によって生じるならば，結晶構造の依存性があるはずであり，実際にそうなっている．図 6.4 に $GdFeO_3$ 型に歪んだペロブスカイト構造とジャロシンスキー–守谷相互作用による仮想磁束を示す[63]．パイロクロア構造と同様に，局所的な空間反転対称性の破れのためにジャロシンスキー–守谷相互作用が存在しており，対称性により図 6.4(b) のようにベクトル D の方向が決定される．この特徴を見るために (110) 面における仮想磁束を図 6.4(c) に示す．仮想磁束は，ϕ と $-\phi$ が交互に並んだ構造を示している．このような互い違いの磁束構造においては，時間反転してユニットセルの半分だけ並進するともとに戻る構造をしている．一方で，ホール伝導度は一般に時間反転対称性に対して奇であり並進に対しては変化がない．このような対称性を考慮すると，この互い違いの磁束構造ではホール伝導度は生じないことが示唆される．$GdFeO_3$ 型に歪んだペロブスカイト構造を持つ強磁性体である La_2NiMnO_6 と $YTiO_3$ における熱ホール効果の実験結果を図 6.5 に示す[63]．ジャロシンスキー–守谷相互作用に基づく予測の通り，有限の熱ホール効果は観測されない．これらの実験結果は，ジャロシンスキー–守谷相互作用によって誘起されたマグノンホール効果の描像を強く示唆するものである．

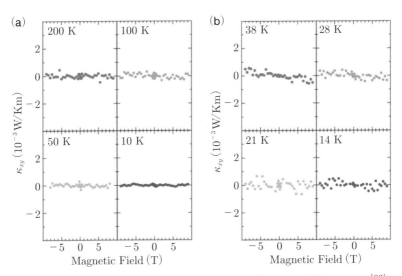

図 6.5　(a) La_2NiMnO_6 と (b) $YTiO_3$ における熱ホール効果(Ideue ら[63]).

112 第6章 マグノン励起とトポロジカル効果・非相反性

空間反転対称性が破れた強磁性体におけるマグノンの非相反伝搬

上で議論した，パイロクロア構造やペロブスカイト構造においては，ジャロシンスキー―守谷ベクトルの総和がゼロになる構造をしていた．第2章で述べたように，これは結晶全体では空間反転対称性が残っている（磁性元素の中点ではない点を中心とする空間反転対称性が存在する）ので，例えば，i, j サイト間のジャロシンスキー―守谷ベクトルが $\boldsymbol{D}$ であれば，i, j サイトが反転対称操作によって移る先の2サイト間では $-\boldsymbol{D}$ を持つためである．結晶全体の空間反転対称性も破れると，このような効果は働かず，空間的に一様なジャロシンスキー―守谷相互作用が存在することになる．強磁性マグノンにおいて一様なジャロシンスキー―守谷相互作用の効果を見るために，簡単な一次元モデルを考えてみよう．スピンが連なる方向を z 方向とする．磁場 $\boldsymbol{B}$ は $-z$ 方向を向いており，強磁性秩序してスピンは $+z$ 方向に整列しているとし，一様なジャロシンスキー―守谷ベクトル $\boldsymbol{D}$ も z 方向を向いているとする．このとき，ハミルトニアンは

$$
\begin{aligned}
H &= \sum_i \left(-J\boldsymbol{S}_i \cdot \boldsymbol{S}_{i+1} + D(\boldsymbol{S}_i \times \boldsymbol{S}_{i+1})_z \right) - \sum_i g\mu_{\mathrm{B}} S_i^z B \\
&= \sum_i \left(-J\left(\frac{1}{2}(S_i^+ S_{i,i+1}^- + S_i^- S_{i+1}^+) + S_i^z S_{i+1}^z \right) + i\frac{D}{2}(S_i^+ S_{i+1}^- - S_i^- S_{i+1}^+) \right) \\
&\quad - \sum_i g\mu_{\mathrm{B}} S_i^z B
\end{aligned}
\tag{6.42}
$$

と表される．これは，第2章で述べたジャロシンスキー―守谷相互作用誘起のらせん磁性の場合と類似のものであるが，この場合は磁場が十分強く，強磁性秩序が実現しているとする．式 (6.32), (6.33), (6.34) を用いて，マグノン分散を求めると

$$
\hbar\omega = 2JS(1 - \cos(qa)) - 2DS \sin(qa) + g\mu_{\mathrm{B}} B
\tag{6.43}
$$

となり，D が有限の場合には q の反転に対して対称でなくなる．したがって，空間反転対称性が破れて一様なジャロシンスキー―守谷相互作用が存在する場合，波数 q の正負に関するマグノンの縮退が破れることになる．このような波数の正負に関する非等価性を**非相反性**と呼ぶ．

このようなマグノン非相反伝搬の例として，キラル強磁性体 $LiFe_5O_8$ における実験を紹介しよう[66, 67]．$LiFe_5O_8$ は，マグネタイト Fe_3O_4 の一部の Fe を Li に置き換えたものであり，立方晶だが Li の配列のために鏡映対称性や空間反転対称性が破れて

6.2 マグノン励起におけるトポロジカル効果・対称性の破れの効果　113

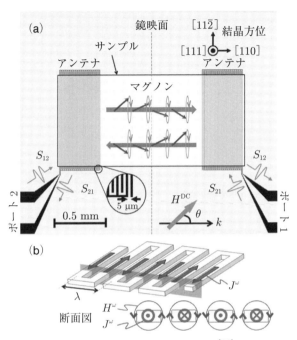

図 6.6 マグノン非相反伝搬の実験配置図(Iguchi ら[66]，井口と小野瀬[67])．

キラルな空間群 $P4_132$ を持つ物質である．この実験は，図 6.6 に示したような実験配置で行われている．マイクロ波平面回路の上に単結晶サンプルが置かれている．平面回路は金属膜 (Au/Ti) でできており，リソグラフィーによって黒い部分が除かれたものになっている．ポート 1, 2 はマイクロ波の出力もしくは入力とつながっている．そのポートの先に金属細線が蛇行してできているアンテナにつながっており，二つのアンテナを橋渡しするようにサンプルが置かれている．マイクロ波をポートから流すと，図 6.6(b) のように蛇行アンテナに沿って交流電流が流れその周りで交流磁場が発生する．この交流磁場の符号は蛇行の周期で空間的に振動しており，この周期と波長が一致するマグノンを励起することができる．左のアンテナによって励起された $+q$ マグノンは，逆側のアンテナに到達すると再びマイクロ波信号に変換される．一方，$-q$ のマグノンは左から右にマイクロ波信号を伝える．サンプルの対称性が高ければ回路中央に鏡映面が存在し，それによりマイクロ波信号の相反性($+q$ マグノンと $-q$ マグノンの対称性)は保証されるが，空間反転対称性が破れるとマグノンに非相反性が生じて，

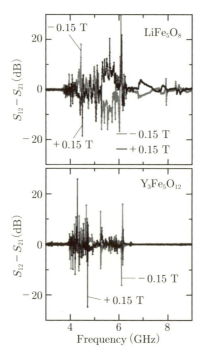

図 6.7　マグノン伝搬による透過強度の非相反性(Iguchi ら[66]，井口と小野瀬[67])．

右から左のマイクロ波信号と左から右のマイクロ波信号に差が生じる．図 6.7 に右から左のマイクロ波透過強度と左から右への透過強度の差を示す．上段が $LiFe_5O_8$ の結果で下段が参照物質の空間反転対称な $Y_3Fe_5O_{12}$ の結果を示している．$Y_3Fe_5O_{12}$ では非相反性は観測されないが，$LiFe_5O_8$ では 5–6 GHz 付近に有限の差が生じている．この非相反性は空間反転対称性が破れによる一様なジャロシンスキー–守谷相互作用によって誘起されたと考えられる．

6.3　反強磁性のマグノン励起

　強磁性のみならず，反強磁性においてもスピン波もしくはマグノンが低エネルギー励起を担う．この節では，反強磁性体におけるマグノンについて述べる．

6.3 反強磁性のマグノン励起　115

古典スピン波理論

強磁性の場合と同様に，まずは古典的なスピン波理論から始める．単純立方格子で近接サイト間では，反平行の磁気モーメントを向いている反強磁性秩序があるとし，ハミルトニアンは以下のような最も単純なものとしよう．

$$H = J \sum_{\text{N.N.}} \boldsymbol{S}_i \cdot \boldsymbol{S}_j \tag{6.44}$$

現実的には有限の磁気異方性があり，磁場を印加すればマグノン分散は変化するが，このような異方性や磁場の効果については後で述べよう．異方性がないので磁気秩序状態はスピンの方向に関して縮退しているが，ここではスピンは $+z$ 方向もしくは $-z$ 方向に向いて安定していると仮定しよう．上向きに向いている副格子 1 のスピンを $\hbar \boldsymbol{S}_1(\boldsymbol{x})$，下向きに向いている副格子 2 のスピンを $\hbar \boldsymbol{S}_2(\boldsymbol{x})$ とする．$\boldsymbol{x}$ は，単純立方格子を仮定し，l, m, n を整数として $\boldsymbol{x} = (la, ma, na)$ と表され，副格子 1 は $l + m + n$ が奇数，副格子 2 は $l + m + n$ が偶数である．$\boldsymbol{S}_1(\boldsymbol{x})$, $\boldsymbol{S}_2(\boldsymbol{x})$ に関する運動方程式は

$$\hbar \frac{d\boldsymbol{S}_1(\boldsymbol{x})}{dt} = -g\mu_{\text{B}} \boldsymbol{S}_1(\boldsymbol{x}) \times \boldsymbol{B}_1^{\text{eff}}(\boldsymbol{x}) \tag{6.45}$$

$$\hbar \frac{d\boldsymbol{S}_2(\boldsymbol{x})}{dt} = -g\mu_{\text{B}} \boldsymbol{S}_2(\boldsymbol{x}) \times \boldsymbol{B}_2^{\text{eff}}(\boldsymbol{x}) \tag{6.46}$$

となる．ここで，有効磁場 $\boldsymbol{B}_1^{\text{eff}}, \boldsymbol{B}_2^{\text{eff}}$ を

$$\boldsymbol{B}_1^{\text{eff}}(\boldsymbol{x}) = \frac{1}{g\mu_{\text{B}}} \frac{\partial H}{\partial \boldsymbol{S}_1(\boldsymbol{x})} \tag{6.47}$$

$$\boldsymbol{B}_2^{\text{eff}}(\boldsymbol{x}) = \frac{1}{g\mu_{\text{B}}} \frac{\partial H}{\partial \boldsymbol{S}_2(\boldsymbol{x})} \tag{6.48}$$

として代入すると，運動方程式は

$$\begin{aligned}
\hbar \frac{d\boldsymbol{S}_1(\boldsymbol{x})}{dt} = -J\boldsymbol{S}_1(\boldsymbol{x}) \times \big(&\boldsymbol{S}_2(\boldsymbol{x} - a\boldsymbol{e}_x) + \boldsymbol{S}_2(\boldsymbol{x} + a\boldsymbol{e}_x) \\
&+ \boldsymbol{S}_2(\boldsymbol{x} - a\boldsymbol{e}_y) + \boldsymbol{S}_2(\boldsymbol{x} + a\boldsymbol{e}_y) \\
&+ \boldsymbol{S}_2(\boldsymbol{x} - a\boldsymbol{e}_z) + \boldsymbol{S}_2(\boldsymbol{x} + a\boldsymbol{e}_z) \big)
\end{aligned} \tag{6.49}$$

$$\begin{aligned}
\hbar \frac{d\boldsymbol{S}_2(\boldsymbol{x})}{dt} = -J\boldsymbol{S}_2(\boldsymbol{x}) \times \big(&\boldsymbol{S}_1(\boldsymbol{x} - a\boldsymbol{e}_x) + \boldsymbol{S}_1(\boldsymbol{x} + a\boldsymbol{e}_x) \\
&+ \boldsymbol{S}_1(\boldsymbol{x} - a\boldsymbol{e}_y) + \boldsymbol{S}_1(\boldsymbol{x} + a\boldsymbol{e}_y) \\
&+ \boldsymbol{S}_1(\boldsymbol{x} - a\boldsymbol{e}_z) + \boldsymbol{S}_1(\boldsymbol{x} + a\boldsymbol{e}_z) \big)
\end{aligned} \tag{6.50}$$

116　第6章　マグノン励起とトポロジカル効果・非相反性

となる. e_x, e_y, e_z は x, y, z 方向の基本ベクトルである. $S_0 = (0, 0, S)$ として, S_1, S_2 を次のように置こう.

$$S_1 = S_0 + \delta S_1 \exp\big(i(q \cdot x - \omega t)\big) \tag{6.51}$$

$$S_2 = -S_0 + \delta S_2 \exp\big(i(q \cdot x - \omega t)\big) \tag{6.52}$$

これらを運動方程式に代入して, $\delta S_1, \delta S_2$ の一次まで残すと

$$-i\hbar\omega\delta S_1 = -J\delta S_1 \times (-6S_0) - JS_0 \times \delta S_2(2\cos(q_x a) + 2\cos(q_y a) + 2\cos(q_z a)) \tag{6.53}$$

$$-i\hbar\omega\delta S_2 = -J\delta S_2 \times 6S_0 + JS_0 \times \delta S_1(2\cos(q_x a) + 2\cos(q_y a) + 2\cos(q_z a)) \tag{6.54}$$

となる. ここで, q_x, q_y, q_z は q の x, y, z 成分である. $\delta S_1 = (\delta S_1^x, \delta S_1^y, 0), \delta S_2 = (\delta S_2^x, \delta S_2^y, 0)$ として, $\delta S_1^\pm = \delta S_1^x \pm i\delta S_1^y, \delta S_2^\pm = \delta S_2^x \pm i\delta S_2^y$ を用いると

$$\hbar\omega\delta S_1^\pm = \pm 2JS(3\delta S_1^\pm + \delta S_2^\pm(\cos(q_x a) + \cos(q_y a) + \cos(q_z a))) \tag{6.55}$$

$$\hbar\omega\delta S_2^\pm = \mp 2JS(3\delta S_2^\pm + \delta S_1^\pm(\cos(q_x a) + \cos(q_y a) + \cos(q_z a))) \tag{6.56}$$

これより

$$\begin{pmatrix} \pm 6JS - \hbar\omega & \pm 2JS(\cos(q_x a) + \cos(q_y a) + \cos(q_z a)) \\ \mp 2JS(\cos(q_x a) + \cos(q_y a) + \cos(q_z a)) & \mp 6JS - \hbar\omega \end{pmatrix} \begin{pmatrix} \delta S_1^\pm \\ \delta S_2^\pm \end{pmatrix}$$
$$= 0 \tag{6.57}$$

したがって, $\delta S_1^\pm = \delta S_2^\pm = 0$ 以外の解があるためには, 左辺の行列の行列式がゼロでなければならないので

$$(\hbar\omega)^2 - (6JS)^2 + 4J^2S^2(\cos(q_x a) + \cos(q_y a) + \cos(q_z a))^2 = 0 \tag{6.58}$$

が満たされる. したがって

$$\hbar\omega = 2JS\sqrt{9 - (\cos(q_x a) + \cos(q_y a) + \cos(q_z a))^2} \tag{6.59}$$

この周波数は, 歳差運動の左右で縮退している. 波数が小さい長波長極限では

$$\hbar\omega \approx 2\sqrt{3}JSaq \tag{6.60}$$

となる. ただし, $q = \sqrt{q_x^2 + q_y^2 + q_z^2}$ である. つまり, この領域では周波数は波数の大きさに比例することになる.

反強磁性体マグノンの量子論

古典的な場合と同様に, 格子定数 a の立方晶を仮定し, ハミルトニアンも式 (6.44) から出発して, 磁気秩序状態も同様に, スピンが $+z$ 方向(副格子 1)もしくは $-z$ 方向(副格子 2)に向いていると仮定する. 副格子 1, 2 のスピンの量子数 $\boldsymbol{S}_i, \boldsymbol{S}_j$ の各成分は, 強磁性の場合と同様なホルシュタイン プリマコフ変換を用いて近似的に

$$S_i^z = S - a_i^+ a_i \tag{6.61}$$

$$S_i^+ = \sqrt{2S}a_i \tag{6.62}$$

$$S_i^- = \sqrt{2S}a_i^+ \tag{6.63}$$

$$S_j^z = -S + b_j^+ b_j \tag{6.64}$$

$$S_j^+ = \sqrt{2S}b_j^+ \tag{6.65}$$

$$S_j^- = \sqrt{2S}b_j \tag{6.66}$$

と表される. これらの関係をハミルトニアンに代入すると

$$\begin{aligned}
H &= J\sum_{ij}\Big((S - a_i^+ a_i)(-S + b_j^+ b_j) + Sa_i b_j + Sa_i^+ b_j^+\Big) \\
&\approx -3JS^2N + JS\sum_{ij}(a_i^+ a_i + b_j^+ b_j + a_i b_j + a_i^+ b_j^+)
\end{aligned} \tag{6.67}$$

となる. ここで, フーリエ変換

$$a_i^+ = \sqrt{\frac{2}{N}}\sum_{\boldsymbol{q}} a_{\boldsymbol{q}}^+ \exp(i\boldsymbol{q}\cdot\boldsymbol{x}) \tag{6.68}$$

$$b_i^+ = \sqrt{\frac{2}{N}}\sum_{\boldsymbol{q}} b_{\boldsymbol{q}}^+ \exp(-i\boldsymbol{q}\cdot\boldsymbol{x}) \tag{6.69}$$

118　第6章　マグノン励起とトポロジカル効果・非相反性

$$a_i = \sqrt{\frac{2}{N}} \sum_q a_q \exp(-i\boldsymbol{q} \cdot \boldsymbol{x}) \tag{6.70}$$

$$b_i = \sqrt{\frac{2}{N}} \sum_q b_q \exp(i\boldsymbol{q} \cdot \boldsymbol{x}) \tag{6.71}$$

を行うと，ハミルトニアンは

$$H \approx -3JS^2 N$$
$$+ 2JS \sum_q \left(3a_q^+ a_q + 3b_q^+ b_q + (a_q b_q + a_q^+ b_q^+)(\cos(q_x a) + \cos(q_y a) + \cos(q_z a)) \right) \tag{6.72}$$

となる．ここで，次のようなボゴリューボフ変換を考えよう．

$$a_q = A_q \alpha_q + B_q \beta_q^+ \tag{6.73}$$

$$a_q^+ = A_q \alpha_q^+ + B_q \beta_q \tag{6.74}$$

$$b_q^+ = B_q \alpha_q + A_q \beta_q^+ \tag{6.75}$$

$$b_q = B_q \alpha_q^+ + A_q \beta_q \tag{6.76}$$

A_q, B_q は実数であり，α, β はボゾンの交換関係を満たしお互い可換であると仮定しよう．このとき $A_q^2 - B_q^2 = 1$ を満たせば a_q, b_q もボゾンの交換関係を満たす．これらをハミルトニアンに代入すると

$$H \approx -3JS^2 N$$
$$+ 2JS \sum_q \Big(3(A_q \alpha_q^+ + B_q \beta_q)(A_q \alpha_q + B_q \beta_q^+) + 3(B_q \alpha_q + A_q \beta_q^+)(B_q \alpha_q^+ + A_q \beta_q)$$
$$+ \big((A_q \alpha_q + B_q \beta_q^+)(B_q \alpha_q^+ + A_q \beta_q) + (A_q \alpha_q^+ + B_q \beta_q)(B_q \alpha_q + A_q \beta_q^+) \big)$$
$$\times (\cos(q_x a) + \cos(q_y a) + \cos(q_z a)) \Big)$$
$$= -3JS^2 N$$
$$+ 2JS \sum_q \Big((3A_q^2 + 3B_q^2 + 2A_q B_q(\cos(q_x a) + \cos(q_y a) + \cos(q_z a)))(\alpha_q^+ \alpha_q + \beta_q^+ \beta_q)$$
$$+ (6A_q B_q + (A_q^2 + B_q^2)(\cos(q_x a) + \cos(q_y a) + \cos(q_z a)))(\alpha_q^+ \beta_q^+ + \alpha_q \beta_q)$$

$$+6B_{\boldsymbol{q}}^2+2A_{\boldsymbol{q}}B_{\boldsymbol{q}}(\cos(q_x a)+\cos(q_y a)+\cos(q_z a))\Big) \tag{6.77}$$

したがって

$$6A_{\boldsymbol{q}}B_{\boldsymbol{q}} + (A_{\boldsymbol{q}}^2 + B_{\boldsymbol{q}}^2)(\cos(q_x a) + \cos(q_y a) + \cos(q_z a)) = 0 \tag{6.78}$$

であれば，二つのボゾンでマグノン励起が記述できる．この式と $A_{\boldsymbol{q}}^2 - B_{\boldsymbol{q}}^2 = 1$ を連立させると

$$A_{\boldsymbol{q}}^2 = \frac{1}{2} + \frac{3}{2\sqrt{9 - (\cos(q_x a) + \cos(q_y a) + \cos(q_z a))^2}} \tag{6.79}$$

$$B_{\boldsymbol{q}}^2 = -\frac{1}{2} + \frac{3}{2\sqrt{9 - (\cos(q_x a) + \cos(q_y a) + \cos(q_z a))^2}} \tag{6.80}$$

が得られる．これをハミルトニアンに代入すると

$$H = 2JS \sum_{\boldsymbol{q}} \sqrt{9 - (\cos(q_x a) + \cos(q_y a) + \cos(q_z a))^2}(\alpha_{\boldsymbol{q}}^+ \alpha_{\boldsymbol{q}} + \beta_{\boldsymbol{q}}^+ \beta_{\boldsymbol{q}}) + 定数 \tag{6.81}$$

となり，古典計算と一致したエネルギー $2JS\sqrt{9 - (\cos(q_x a) + \cos(q_y a) + \cos(q_z a))^2}$ を持ったマグノン励起が量子的な取り扱いでも得られた．このマグノンモードは，$\alpha_{\boldsymbol{q}}, \beta_{\boldsymbol{q}}$ の二つが縮退したもので，低エネルギーでは波数 q に比例している．

磁気異方性，磁場の影響

　上では，磁気異方性や磁場が存在しない場合には，反強磁性マグノンは二重に縮退していて長波長極限でエネルギーがゼロになることを，古典的および量子的に導出した．磁場や磁気異方性が存在すると，反強磁性のマグノン励起のこのような性質は大きく変わる．その例として，容易面の磁気異方性を持ち，磁場もその面内にかかっている場合を考えよう．容易面の磁気異方性とは，ある二次元面内に磁気モーメントを向けたほうが，面に垂直に向けるよりもエネルギーが低い磁気異方性のことである．得られた計算結果は，6.4 節の電磁波の非相反性の計算に利用する．

　ハミルトニアンは

$$\mathcal{H} = J \sum_{i,j} \boldsymbol{S}_i \cdot \boldsymbol{S}_j + K \sum_i (S_i^z)^2 + g\mu_{\mathrm{B}}\mu_0 \sum_i \boldsymbol{S}_i \cdot \boldsymbol{H} \tag{6.82}$$

のように書けるとする．ここで，$K > 0$ は磁気異方性であり，磁場 $\boldsymbol{H}$ は x 軸方向に

印加されて $\bm{H} = (H, 0, 0)$ のように表されるとする.この場合,最低エネルギーを持つ安定なスピン方向は面内にあるので

$$\bm{S}_i = S(\cos\theta_i, \sin\theta_i, 0) \tag{6.83}$$

と書くことができる.ここで,二つの副格子を A, B とし,それぞれに対応するスピン方向を θ_A, θ_B とすると,エネルギーが最小になる磁気状態では

$$\theta_A = \pi + \cos^{-1}\frac{g\mu_B\mu_0 H}{8JS} \tag{6.84}$$

$$\theta_B = \pi - \cos^{-1}\frac{g\mu_B\mu_0 H}{8JS} \tag{6.85}$$

となる.これを図示したものが図 6.8 である.

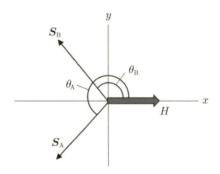

図 6.8 磁場下における容易面反強磁性体のスピン配置.

この磁気秩序状態からのマグノン励起を求めよう.磁気秩序状態からの励起を議論するために,スピン $\bm{S}_i = (S_i^x, S_i^y, S_i^z)$, $i = A, B$ に次のような変換を施そう.

$$\begin{pmatrix} \tilde{S}_i^x \\ \tilde{S}_i^y \\ \tilde{S}_i^z \end{pmatrix} = \begin{pmatrix} \cos\theta_i & \sin\theta_i & 0 \\ -\sin\theta_i & \cos\theta_i & 0 \\ 0 & 0 & 1 \end{pmatrix} \begin{pmatrix} S_i^x \\ S_i^y \\ S_i^z \end{pmatrix} \tag{6.86}$$

この変換によって,$\tilde{\bm{S}}_i = (\tilde{S}_i^x, \tilde{S}_i^y, \tilde{S}_i^z)$ は $i = A, B$ 副格子における最低エネルギーの方向が x 軸に平行となるようになる.これを用いると,ハミルトニアンは

$$\mathcal{H} = J\sum_{i,j} \Big((\tilde{S}_i^x \tilde{S}_j^x + \tilde{S}_i^y \tilde{S}_j^y)\cos(\theta_i - \theta_j) + \tilde{S}_i^z \tilde{S}_j^z + (\tilde{\bm{S}}_i \times \tilde{\bm{S}}_i)_z \sin(\theta_i - \theta_j) \Big)$$

$$+ K \sum_i (\tilde{S}_i^z)^2 + g\mu_B\mu_0 H \sum_i \left(\tilde{S}_i^x \cos\theta_i - \tilde{S}_i^y \sin\theta_i \right) \tag{6.87}$$

となる．ここで，A 副格子に属する $\tilde{\boldsymbol{S}}_i$ と B 副格子に属する $\tilde{\boldsymbol{S}}_j$ に次のようなホルスタイン–プリマコフ変換を施す．

$$\tilde{S}_i^x = S - a_i^+ a_i \tag{6.88}$$

$$\tilde{S}_i^y = \sqrt{\frac{S}{2}}(a_i^+ + a_i) \tag{6.89}$$

$$\tilde{S}_i^z = i\sqrt{\frac{S}{2}}(a_i^+ - a_i) \tag{6.90}$$

$$\tilde{S}_j^x = S - b_j^+ b_j \tag{6.91}$$

$$\tilde{S}_j^y = \sqrt{\frac{S}{2}}(b_j^+ + b_j) \tag{6.92}$$

$$\tilde{S}_j^z = i\sqrt{\frac{S}{2}}(b_j^+ - b_j) \tag{6.93}$$

これをハミルトニアンに代入し，上と同様にボゴリューボフ変換を施せばマグノンモードが求まることになる．簡単のために，$q = 0$ の一様モードだけを考えることにして，a_i, b_i の添え字 i 依存性は考えないことにしよう．このときハミルトニアンは

$$\mathcal{H} = \hbar\omega_2 \alpha^+ \alpha + \hbar\omega_1 \beta^+ \beta + 定数 \tag{6.94}$$

のように二つのマグノン励起で記述される．計算過程は省略するが(詳細は Iguchi ら[68]を参照)，$\hbar\omega_1, \hbar\omega_2$ は

$$\hbar\omega_1 = g\mu_B\mu_0 H \sqrt{1 + \frac{H_A}{2H_E}} \tag{6.95}$$

$$\hbar\omega_2 = g\mu_B\mu_0 \sqrt{2H_E H_A \left(1 - \left(\frac{H}{2H_E}\right)^2\right)} \tag{6.96}$$

と表される．H_E, H_A は

$$H_E = \frac{4JS}{g\mu_B\mu_0} \tag{6.97}$$

$$H_A = \frac{2KS}{g\mu_B\mu_0} \tag{6.98}$$

122　第6章　マグノン励起とトポロジカル効果・非相反性

である．また，スピン演算子はマグノンの演算子 α, β を用いて以下のように表される．

$$\boldsymbol{S}_{\mathrm{F}} = \boldsymbol{S}_{\mathrm{A}} + \boldsymbol{S}_{\mathrm{B}} = \boldsymbol{S}_{\mathrm{F}}^0 + \boldsymbol{S}_{\mathrm{F}}^\omega \tag{6.99}$$

$$\boldsymbol{S}_{\mathrm{F}}^0 = -2S \begin{pmatrix} \cos\theta \\ 0 \\ 0 \end{pmatrix} \tag{6.100}$$

$$\boldsymbol{S}_{\mathrm{F}}^\omega = \sqrt{\frac{S}{N}} \begin{pmatrix} \sin\theta(\cosh\phi_2 - \sinh\phi_2)(\alpha^+ + \alpha) \\ -\cos\theta(\cosh\phi_1 + \sinh\phi_1)(\beta^+ + \beta) \\ -i(\cosh\phi_1 - \sinh\phi_1)(\beta - \beta^+) \end{pmatrix} \tag{6.101}$$

$$\boldsymbol{S}_{\mathrm{AF}} = \boldsymbol{S}_{\mathrm{A}} - \boldsymbol{S}_{\mathrm{B}} = \boldsymbol{S}_{\mathrm{AF}}^0 + \boldsymbol{S}_{\mathrm{AF}}^\omega \tag{6.102}$$

$$\boldsymbol{S}_{\mathrm{AF}}^0 = -2S \begin{pmatrix} 0 \\ \sin\theta \\ 0 \end{pmatrix} \tag{6.103}$$

$$\boldsymbol{S}_{\mathrm{AF}}^\omega = \sqrt{\frac{S}{N}} \begin{pmatrix} \sin\theta(\cosh\phi_1 + \sinh\phi_1)(\beta^+ + \beta) \\ -\cos\theta(\cosh\phi_2 - \sinh\phi_2)(\alpha^+ + \alpha) \\ -i(\cosh\phi_2 + \sinh\phi_2)(\alpha - \alpha^+) \end{pmatrix} \tag{6.104}$$

ここで，θ は $2\theta = \theta_{\mathrm{A}} - \theta_{\mathrm{B}}$ を満たす角度であり，ϕ_1, ϕ_2 は

$$\cosh\phi_1 = \sqrt{\frac{4JS(1 + \cos^2\theta) + KS}{2\omega_1} + \frac{1}{2}} \tag{6.105}$$

$$\sinh\phi_1 = \sqrt{\frac{4JS(1 + \cos^2\theta) + KS}{2\omega_1} - \frac{1}{2}} \tag{6.106}$$

$$\cosh\phi_2 = \sqrt{\frac{4JS(1 - \cos^2\theta) + KS}{2\omega_2} + \frac{1}{2}} \tag{6.107}$$

$$\sinh\phi_2 = \sqrt{\frac{4JS(1 - \cos^2\theta) + KS}{2\omega_2} - \frac{1}{2}} \tag{6.108}$$

を満たすものである．

　この二つの $q = 0$ の反強磁性マグノンモードは，古典的に言えば**図 6.9** のような二つの副格子の歳差運動の連成モードであり，副格子モーメント間の位相差がモードに依存する．β モードは，$\boldsymbol{S}_{\mathrm{F}}$ の y, z 成分，$\boldsymbol{S}_{\mathrm{AF}}$ の x 成分の振動であるので，図 6.9(左)のようなモードであり，α モードは，$\boldsymbol{S}_{\mathrm{AF}}$ の y, z 成分，$\boldsymbol{S}_{\mathrm{F}}$ の x 成分の振動であるので，図 6.9(右)のようなモードである．

6.4 反強磁性マグノンモードにおける動的電気磁気効果による電磁波の非相反性

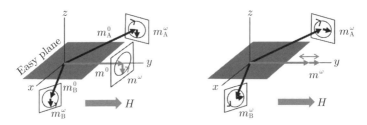

図 6.9 磁場下における容易面反強磁性体において面内磁場が印加された場合の二つの $q=0$ マグノンモード(Iguchi ら[68]).

以上のように,もともとエネルギー零で二重に縮退していた反強磁性マグノンモードは,磁気異方性や磁場が存在すると縮退が解けエネルギーも有限になることがわかった.

6.4 反強磁性マグノンモードにおける動的電気磁気効果による電磁波の非相反性

6.3 節の結果を利用して,マルチフェロイクス反強磁性体におけるマグノン励起エネルギー付近の電磁波の非相反性について述べよう.電磁波の波長は格子間隔に比べて十分長いので(周波数が GHz 程度のマイクロ波なら電磁波の波長は,cm 程度にもなる),$q=0$ のマグノンと電磁波との相互作用を考えることになる.対象とするのは 3.4.2 節で述べた容易面磁気異方性を持つマルチフェロイクス反強磁性体 $Ba_2MnGe_2O_7$ である.$q=0$ のマグノンを考えるときには,ジャロシンスキー―守谷相互作用を無視できるので,ハミルトニアンは式 (6.82) と仮定することができる.この物質では,スピン依存軌道混成機構が働き,反強磁性相において磁気誘起の強誘電性が発現している.ここで,反強磁性マグノン励起が起こると磁気モーメントのみならず電気分極の振動も起こる.その結果,波数 k の電磁波と $-k$ の電磁波が非等価になる非相反性が発現することになる.

マルチフェロイクスにおいては,電磁波伝搬に伴う交流電磁場 $\boldsymbol{E}^\omega = (E_x^\omega, E_y^\omega, E_z^\omega)$,$\boldsymbol{H}^\omega = (H_x^\omega, H_y^\omega, H_z^\omega)$ が存在するとき,交流電束密度 $\boldsymbol{D}^\omega = (D_x^\omega, D_y^\omega, D_z^\omega)$,交流磁束密度 $\boldsymbol{B}^\omega = (B_x^\omega, B_y^\omega, B_z^\omega)$ は次のように表される.

$$D_i^\omega = \sum_j (\epsilon_0(\epsilon_\infty + \chi_{ij}^{\text{ee}})E_j^\omega + \sqrt{\epsilon_0\mu_0}\chi_{ij}^{\text{em}}H_j) \quad (6.109)$$

124 第6章 マグノン励起とトポロジカル効果・非相反性

$$B_i^\omega = \sum_j \left(\mu_0 (1 + \chi_{ij}^{\mathrm{mm}}) H_j^\omega + \sqrt{\epsilon_0 \mu_0} \chi_{ij}^{\mathrm{me}} E_j \right) \tag{6.110}$$

ここで，$\chi_{ij}^{\mathrm{ee}}, \chi_{ij}^{\mathrm{mm}}, \chi_{ij}^{\mathrm{em}}, \chi_{ij}^{\mathrm{me}}$ は，電気感受率テンソル，磁気感受率テンソル，電気磁気感受率，磁気電気感受率である[*1]．また，ϵ_∞ は高周波比誘電率である（$Ba_2MnGe_2O_7$ では 14 程度）．

$Ba_2MnGe_2O_7$ においては，図 3.11(c) のように，スピンの磁場に垂直成分が互い違いになる傾いた反強磁性構造を取り，$H\|[100]$ の場合磁気点群は $22'2'$ を取る．この磁気点群対称性より，感受率テンソルの形が決まり[17]

$$\chi_{ij}^{\mathrm{mm}} = \begin{pmatrix} \chi_{xx}^{\mathrm{mm}} & 0 & 0 \\ 0 & \chi_{yy}^{\mathrm{mm}} & \chi_{yz}^{\mathrm{mm}} \\ 0 & -\chi_{yz}^{\mathrm{mm}} & \chi_{zz}^{\mathrm{mm}} \end{pmatrix}, \quad \chi_{ij}^{\mathrm{ee}} = \begin{pmatrix} \chi_{xx}^{\mathrm{ee}} & 0 & 0 \\ 0 & \chi_{yy}^{\mathrm{ee}} & \chi_{yz}^{\mathrm{ee}} \\ 0 & -\chi_{yz}^{\mathrm{ee}} & \chi_{zz}^{\mathrm{ee}} \end{pmatrix} \tag{6.111}$$

$$\chi_{ij}^{\mathrm{me}} = \begin{pmatrix} \chi_{xx}^{\mathrm{me}} & 0 & 0 \\ 0 & \chi_{yy}^{\mathrm{me}} & \chi_{yz}^{\mathrm{me}} \\ 0 & \chi_{zy}^{\mathrm{me}} & \chi_{zz}^{\mathrm{me}} \end{pmatrix}, \quad \chi_{ij}^{\mathrm{em}} = \begin{pmatrix} \chi_{xx}^{\mathrm{em}} & 0 & 0 \\ 0 & \chi_{yy}^{\mathrm{em}} & \chi_{zy}^{\mathrm{em}} \\ 0 & \chi_{yz}^{\mathrm{em}} & \chi_{zz}^{\mathrm{em}} \end{pmatrix} \tag{6.112}$$

となる．

このような物質内に，x 方向に平行な波数 k を持ち，z 方向に電場成分，y 方向に磁場成分を持つ直線偏光の電磁波が伝搬してきたとしよう．マクスウェル方程式に $E_x^\omega = E_y^\omega = H_x^\omega = H_z^\omega = 0$ を代入し，式 (6.109), (6.110) の関係を用いると

$$-kE_z^\omega = \omega \left((1 + \chi_{yy}^{\mathrm{mm}}) \mu_0 H_y^\omega + \chi_{yz}^{\mathrm{me}} \sqrt{\epsilon_0 \mu_0} E_z^\omega \right) \tag{6.113}$$

$$kH_y^\omega = -\omega \left((\epsilon_\infty + \chi_{zz}^{\mathrm{ee}}) \epsilon_0 E_z^\omega + \chi_{zy}^{\mathrm{em}} \sqrt{\epsilon_0 \mu_0} H_y^\omega \right) \tag{6.114}$$

が得られる．自明な $E_z^\omega = H_y^\omega = 0$ 以外の解が得られるためには

$$k = \omega \sqrt{\epsilon_0 \mu_0} \left(-\frac{\chi_{yz}^{\mathrm{me}} + \chi_{zy}^{\mathrm{em}}}{2} \pm \sqrt{(\epsilon_\infty + \chi_{zz}^{\mathrm{ee}})(1 + \chi_{yy}^{\mathrm{mm}})} \right) \tag{6.115}$$

[*1] 直流の電気磁気効果では，電場による磁場変化と磁場による誘電分極変化の線形応答テンソルは，α_{ij} とそれを転置したものであったが，交流では χ_{ij}^{em} と χ_{ij}^{me} は必ずしも同じものではない．

6.4 反強磁性マグノンモードにおける動的電気磁気効果による電磁波の非相反性　125

この式は，右辺カッコ内の第 1 項がなければ通常の屈折率

$$n = \frac{|k|}{\omega\sqrt{\epsilon_0\mu_0}} = \sqrt{(\epsilon_\infty + \chi_{zz}^{\text{ee}})(1 + \chi_{yy}^{\text{mm}})} \tag{6.116}$$

を与える式になる．したがって，第 1 項は k の正負で屈折率の差

$$\Delta n = \chi_{yz}^{\text{me}} + \chi_{zy}^{\text{em}} \tag{6.117}$$

を与えるものである．このような波数 $+k$ と $-k$ における伝搬特性の違いは電磁波の非相反性を表している．上式は屈折率の違いを与えているが，これが有限であれば吸収を与える屈折率の虚部にも非相反性が現れるはずである．

　実際の $Ba_2MnGe_2O_7$ における電磁波伝搬を測定した結果を示したのが図 6.10 である．磁場が [100] 方向に印加されているときに，磁場に平行および反平行に伝搬する電磁波の吸収 ($\Delta S_{12}, \Delta S_{21}$) を示したのが (a) である．この吸収は低エネルギー反強磁性マグノン励起 (図 6.9(左)) によるものであるが，電磁波の伝搬方向によってわずかに吸収が異なっていることがわかる．(b) に示すように，この差 $\Delta S_{12} - \Delta S_{21}$

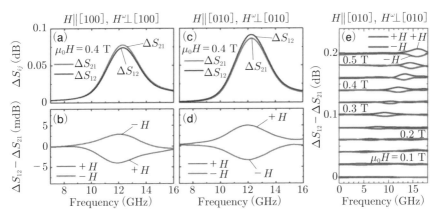

図 6.10　$Ba_2MnGe_2O_7$ における低エネルギー反強磁性マグノン励起(図 6.9(左))における電磁波の非相反性(Iguchi ら[68])．(a) $H||[100]$ における磁場方向に伝搬する電磁波の吸収 (ΔS_{12}) と逆方向に伝搬する際の吸収 (ΔS_{21})，(b) [100] 方向の正負の磁場下における電磁波非相反性 $\Delta S_{12} - \Delta S_{21}$，(c) $H||[010]$ における磁場方向に伝搬する電磁波の吸収 (ΔS_{12}) と逆方向に伝搬する際の吸収 (ΔS_{21})，(d) [010] 方向の正負の磁場下における電磁波非相反性 $\Delta S_{12} - \Delta S_{21}$，(e) $H||[010]$ における磁場方向に伝搬する電磁波の非相反性の磁場依存性．

126 第6章 マグノン励起とトポロジカル効果・非相反性

は磁場の正負で符号を変える。また、試料を 90 度回転させてこれらと同様な測定をした結果を示したのが (c), (d) である。非相反性の符号が入れ換わっているのがわかる。(e) は磁場依存性である。6.3 節の計算にあるように、このマグノンモードは磁場に比例することが期待されるが、実際にほぼ磁場に比例したマグノンエネルギーで非相反応答が観測されている。

非相反性を生み出している電気磁気（磁気電気）感受率 $\chi_{yz}^{\mathrm{em}}, (\chi_{zy}^{\mathrm{me}})$ は二階の軸性 c テンソルであり、時間反転対称性と空間反転対称性が同時に破れて初めて有限になる。系に時間反転操作や空間反転操作を施すと符号反転することが期待される。実際、磁場の符号反転によって符号変化を起こしている。また、この物質では試料を 90 度回転すると空間反転と同じことになるため、非相反性の符号反転も説明できる。

最後に、理論的に非相反性を求める方法についても述べよう。一般に、線形応答係数は久保公式と呼ばれる表式で表されることが知られている[69]。これによると、感受率テンソルは $T = 0\,\mathrm{K}$ では

$$\chi_{\beta\gamma}^{\mathrm{me}} = \frac{NV}{\hbar}\sqrt{\frac{\mu_0}{\epsilon_0}}\sum_n \frac{\langle 0|\Delta M_\beta|n\rangle\langle n|\Delta P_\gamma|0\rangle}{\omega - \omega_n + \delta} \tag{6.118}$$

$$\chi_{\beta\gamma}^{\mathrm{em}} = \frac{NV}{\hbar}\sqrt{\frac{\mu_0}{\epsilon_0}}\sum_n \frac{\langle 0|\Delta P_\beta|n\rangle\langle n|\Delta M_\gamma|0\rangle}{\omega - \omega_n + \delta} \tag{6.119}$$

$$\chi_{\beta\gamma}^{\mathrm{mm}} = \frac{NV}{\hbar}\mu_0\sum_n \frac{\langle 0|\Delta M_\beta|n\rangle\langle n|\Delta M_\gamma|0\rangle}{\omega - \omega_n + \delta} \tag{6.120}$$

$$\chi_{\beta\gamma}^{\mathrm{ee}} = \frac{NV}{\hbar}\frac{1}{\epsilon_0}\sum_n \frac{\langle 0|\Delta P_\beta|n\rangle\langle n|\Delta P_\gamma|0\rangle}{\omega - \omega_n + \delta} \tag{6.121}$$

と表すことができる。ここで、$|0\rangle$ は基底状態、$|n\rangle$ は励起状態であり、V は単位格子の体積である。ここでは、マグノン励起状態を議論する。δ はダンピング定数である。ΔM_β は磁化の β 成分の基底状態からの変化量を表す演算子である。磁化は

$$M_\beta = -\frac{1}{2NV}\sum_i^{2N} g\mu_{\mathrm{B}}S_i^\beta \tag{6.122}$$

と書けるので、電磁波によるマグノン励起を念頭に波数 $q = 0$ だけを考えると基底状態からの変化は

$$\Delta M_\beta = -\frac{g\mu_{\mathrm{B}}}{V}S_{\mathrm{F},\beta}^\omega \tag{6.123}$$

となる.ただし,$S^{\omega}_{{\rm F},\beta}$ は,式 (6.99) で示されている $\bm{S}^{\omega}_{\rm F}$ の β 成分である.一方で,ΔP_β は電気分極の基底状態からの変化量 $\Delta \bm{P}$ の β 成分であり,式 (3.20) より

$$\Delta \bm{P} \propto \begin{pmatrix} S^0_{{\rm F},y}S^{\omega}_{{\rm F},z} + S^{\omega}_{{\rm F},y}S^0_{{\rm F},z} + S^0_{{\rm AF},y}S^{\omega}_{{\rm AF},z} + S^{\omega}_{{\rm AF},y}S^0_{{\rm AF},z} \\ S^0_{{\rm F},z}S^{\omega}_{{\rm F},x} + S^{\omega}_{{\rm F},z}S^0_{{\rm F},x} + S^0_{{\rm AF},z}S^{\omega}_{{\rm AF},x} + S^{\omega}_{{\rm AF},z}S^0_{{\rm AF},x} \\ S^0_{{\rm F},x}S^{\omega}_{{\rm F},y} + S^{\omega}_{{\rm F},x}S^0_{{\rm F},y} + S^0_{{\rm AF},x}S^{\omega}_{{\rm AF},y} + S^{\omega}_{{\rm AF},x}S^0_{{\rm AF},y} \end{pmatrix} \quad (6.124)$$

と表される.ここで,$S^0_{{\rm F},i}, S^0_{{\rm AF},i}, S^{\omega}_{{\rm AF},i}$ は,それぞれ,式 (6.99),(6.102) で表されている $\bm{S}^0_{\rm F}, \bm{S}^0_{\rm AF}, \bm{S}^{\omega}_{\rm AF}$ の i 成分である.これらの演算子は 6.4 節の結果を利用することにより具体的に計算することができる(具体的な理論計算の詳細は Iguchi ら[68] 参照).

$Ba_2MnGe_2O_7$ における非相反性 $\Delta S_{12} - \Delta S_{21}$ の実験値と理論計算値を比較したのが図 **6.11** である.実験値 (Exp) と理論値 (cal) がよい一致を示しており,確かに非相反性がマグノン励起で記述できることがわかる.

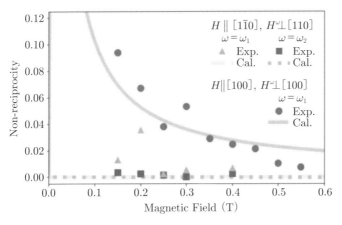

図 6.11 $Ba_2MnGe_2O_7$ における非相反性 $\Delta S_{12} - \Delta S_{21}$ の観測結果と理論計算値の比較(Iguchi ら[68]).

6.5 様々な非相反応答

上記のように,空間反転対称性が破れた磁性体においては,ジャロシンスキー-守谷相互作用によるマグノンの非相反伝搬や,動的電気磁気相関によるマグノンエネルギー付近の電磁波の非相反伝搬が存在することが明らかとなった.このような非相反応答

128　第6章　マグノン励起とトポロジカル効果・非相反性

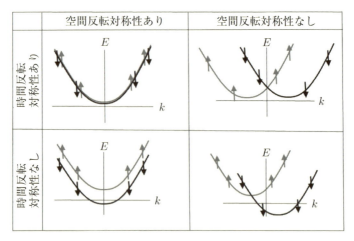

図 6.12　空間反転対称性，時間反転対称性と電子のエネルギー分散の関係．

は，時間反転対称性と空間反転対称性が同時に破れているときに様々な応答に現れるものである．それを理解するために，波動や量子力学的粒子のエネルギー分散が，一般的に空間反転対称性や時間反転対称性の破れとどのように関係しているか述べよう．

図 6.12 に，空間反転対称性，時間反転対称性と電子のエネルギー分散の関係を示す．電子のエネルギー E が波数 k とスピン s に依存しているとき，空間反転対称性があるときには，$E(k, s) = E(-k, s)$ であり，時間反転対称性があるときには，$E(k, s) = E(-k, -s)$ となる．この関係より，時間反転，空間反転対称性が共にあるときには $E(k, s) = E(-k, s)$ かつ $E(k, s) = E(k, -s)$ となり，すべての波数でスピンに関する縮退が存在し，波数に関してエネルギー分散は対称である．時間反転対称性だけが破れると，$E(k, s) = E(-k, s) \neq E(k, -s)$ であるので，スピン方向に関する縮退が破れるがエネルギー分散が対称である．一方で，空間反転対称性だけが破れると，$E(k, s) \neq E(-k, s)$ であるが，$E(k, s) = E(-k, -s)$ であるので，スピン方向に依存して横に分散を移動させたようなエネルギー分散になる．図 6.12 ではスピン方向は上下で書かれているが，波数方向とスピン方向の相対関係は回転，鏡映など他の対称性によって様々な場合があり，これに関しては第7章で詳しく議論する．時間反転対称性と空間反転対称性が共に破れている場合には，$+k$ の状態と $-k$ の状態の間に対称性の制約がなくなり，縮退が完全に破れる．このような関係は，電子のみな

6.5 様々な非相反応答

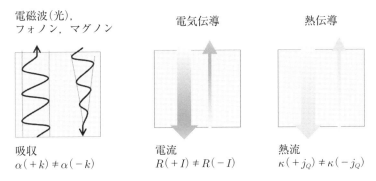

図 6.13 様々な非相反応答.

らず，スピン自由度を偏光方向に置き換えれば電磁波(光)にも適応できるし，振動方向に置き換えればフォノンにも適応できる一般的なものである．このような，空間反転，時間反転対称性の破れによる $+k$ と $-k$ の縮退の破れは，吸収率など様々な物理量の違いを引き起こす．

図 6.13 に様々な非相反応答の概念図を示す．左図のように，時間空間反転対称性の破れた状態においては電磁波やマグノンのみならず，フォノンも含めた一般の量子波で $+k$ と $-k$ の伝搬が非等価になる．フォノンの非相反性は，実際に，表面弾性波デバイスと呼ばれる，弾性波(低エネルギーフォノン)伝搬を利用した素子に，強磁性体を導入することによって観測することができる[70]．図 6.14 にこのような表面弾性波

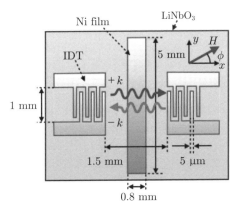

図 6.14 強磁性体 Ni を組み込んだ表面弾性波デバイス(Sasaki ら[70]).

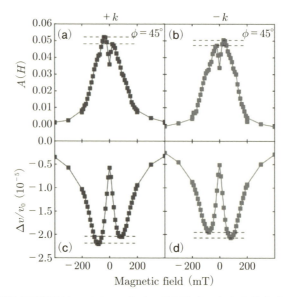

図 6.15 強磁性表面弾性波デバイスにおける吸収強度 $A(H)$ と位相速度変化 $\Delta v/v_0$ の磁場依存性(Sasaki ら[70]).

デバイスの模式図を示す．表面弾性波デバイスは，圧電体基板(ここでは $LiNbO_3$)上に，マイクロ波‐弾性波の相互変換することができるくし型電極(**IDT** と呼ばれる)が二つ付いているものである．マイクロ波が IDT に印加されると表面弾性波が発生し，それが反対側の IDT に到達すれば，再びマイクロ波へと変換される．すなわち，IDT 間のマイクロ波透過強度が弾性波の伝搬強度ということになる．表面弾性波は，空間反転対称性が破れた表面のものであり，二つの IDT の間に強磁性体(ここでは Ni)を置くと，時間反転対称性も破れて透過強度などに非相反性が現れる．**図 6.15** に，マイクロ波測定によって得られた IDT 間の吸収強度 $A(H)$ と位相速度の変化 $\Delta v/v_0$ の磁場依存性を示す．両方の量ともに磁場の正負で非対称な磁場依存性を示しており，伝搬方向を "$+k$" から "$-k$" に反転させると磁場依存性の非対称性も反転する．図 6.12 に示されているような時間反転・空間反転が破れた状態における非相反性は時間反転もしくは空間反転を行うと反転する性質を持つ．したがって，図 6.15 に示されているような磁場に関する非対称性は，まさに非相反性のものであり，伝搬方向の反転によってこの非対称性は逆になっている．

6.5 様々な非相反応答 131

このような非相反応答は，有限周波数を持つ波動のみならず，直流の伝導度にも現れる．簡単のために，空間反転対称性が破れた一次元系の応答を考え，波数 k, 磁場 H に依存した（ホール成分ではない対角の）伝導度を $\sigma(k, H)$ と表すとしよう．オンサガーの相反定理により，$\sigma(k, H) = \sigma(-k, -H)$ が成り立つ[69, 71, 72]．空間反転対称性があれば $\sigma(+k, H) = \sigma(-k, H)$ だが，破れていればこの関係は必ずしも成り立たなくてよい．これを考慮して，伝導度を k, H で展開すると

$$\sigma(k, H) = \sigma(0, 0) + \alpha k H + \cdots \tag{6.125}$$

のように，kH に比例した項が現れる．Rikken らはこの展開式で波数を電流の定数倍で置き換えることを提案した[73]．電流が流れている状態は，フェルミ面が波数空間で電流方向にずれている状態であるので，このような置き換えは近似的には成り立つと考えられる．これを仮定すると

$$\sigma(I, H) = \sigma(0, 0) + \alpha' I H + \cdots \tag{6.126}$$

のように，電流の一次に比例した伝導度が現れる．このような電流の方向に依存する電気伝導を**非相反電気伝導**と言う．上式では，非相反電気伝導は磁場に比例しているが，同様な議論により高次の IH^3, IH^5 など奇数次の高次項も許されるので，単純な比例関係ではない磁場に対して奇な応答も許されることに注意したい．また外部磁場だけでなく，磁気秩序によって自発的に時間反転対称性が破れている場合にも拡張できる．**図 6.16** に，MnSi の常磁性相 (35 K) における第二高調波抵抗率の磁場依存性を示す．この物質は図 5.1 のキラルな B20 構造を持っており，空間反転対称性が破れキラリティを有している．第二高調波抵抗率は，ω で振動する電流を入力したときに 2ω で振動する電圧を測定したものであり，この量が有限であると抵抗率や伝導度に電流に比例する成分があることを示唆している．観測された磁場依存性としては非単調であるが反対称であり，磁場やキラリティを反転するとその第二高調波抵抗率も逆になる振る舞いが観測される[74]．このような振る舞いは，結晶のキラリティによって空間反転対称性が破れ，磁場によって時間反転対称性も破れることによって，非相反電気伝導が現れたものと理解することができる．

最後に，同様な非相反性は熱伝導にも現れることを紹介しよう．電気伝導の非相反性と同様に，熱伝導にも非相反応答が存在することが期待できる．実際，廣金らはマルチフェロイクス TbMnO$_3$ において非相反熱伝導を観測している[75]．TbMnO$_3$

132　第 6 章　マグノン励起とトポロジカル効果・非相反性

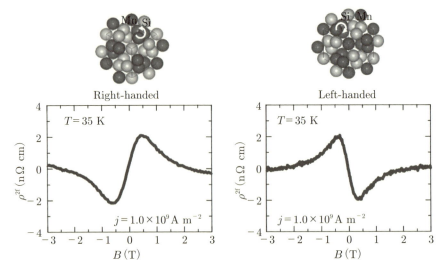

図 6.16　キラル磁性体 MnSi の常磁性状態 (35 K) における非相反電気伝導 (Yokouchi ら[74]). 左図は右手系 (right-handed) の結晶を用いた結果で，右図は左手系 (left-handed) を用いた結果である.

は，第 3 章で述べたように，27 K 以下で Mn の磁気モーメントがサイクロイド型らせん磁気構造に整列しており，逆ジャロシンスキー–守谷相互作用によってこの状態は強誘電性も有している．ここで磁場を印加すれば，空間反転対称性のみならず，時間反転対称性も破れて非相反応答を生じることが期待される．7 K 以下では Tb の磁気モーメントも Mn の磁気モーメントと整合する形で秩序化している．Tb 磁気モーメントは，磁気弾性結合が強く熱伝導を担うフォノンのダイナミクスに強く影響を与えることが知られている．実際，Tb 酸化物の多くは Tb モーメントによるフォノンの散乱によって熱伝導度が低く抑えられている．$TbMnO_3$ においては，Tb モーメントが秩序化する 7 K 以下で磁性による空間反転対称性や時間反転対称性の破れがフォノンダイナミクスに強く反映され，熱伝導度に非相反性が顕著に現れる.

図 6.17 に，4.2 K における $TbMnO_3$ の磁化曲線と熱伝導度の詳しい磁場依存性を示す．この物質では電気分極は c 軸方向に発現し，ここでは磁場が a 軸に印加され，b 軸方向の熱伝導度が測定されている．図 (a) に示した磁化曲線は，1.8 T 付近で急峻に増加しそれ以上で飽和している．これは Tb モーメントの強磁性転移を示してい

6.5 様々な非相反応答 133

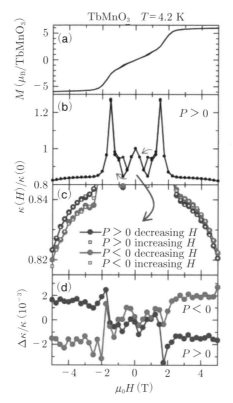

図 6.17 マルチフェロイクス TbMnO$_3$ における 4.2 K の磁化曲線と熱伝導度(Hirokane ら[75]). (a) 磁化曲線, (b) 熱伝導度の磁場依存性, (c) 熱伝導度の拡大図, (d) 熱伝導度の磁場非対称成分 $\Delta\kappa/\kappa = (\kappa(+H) - \kappa(-H))/\kappa$.

る. 1.8 T 以上でも Mn のらせん磁気構造による強誘電状態は保たれている. 図 (b) は熱伝導度の磁場変化である. Tb の強磁性転移磁場付近でスパイク状の異常が観測され, それ以上の磁場では低い熱伝導度になっている. この強磁場の振る舞いを詳しく見たのが図 (c) である. 高磁場の熱伝導度は磁場の正負でわずかに異なり, この大小関係が電気分極を反転すると逆になっている. 図 (d) は熱伝導度 κ の非対称成分 $\Delta\kappa = \kappa(+H) - \kappa(-H)$ の相対値をプロットしたものである. $\Delta\kappa$ は電気分極の符号で反転していることが, 明確になっている. この観測結果は熱伝導に空間反転と時間反転の両方に非対称成分があることを表しており, 非相反な熱伝導度を示唆してい

134 第6章 マグノン励起とトポロジカル効果・非相反性

る．熱伝導度の非相反性は，効果を文字通り検証するならば，熱流方向の反転して比較すべきものである．しかし，熱伝導実験は試料の片側にヒーターを取り付け逆側を熱浴と接続させて測定するものであり，熱流方向を逆転させるには実験セットアップを組み替える必要があるので熱流の正負の比較を実験的に精度よく行うことは難しい．この実験では代わりに同等な電気分極の反転や磁場の反転を行って非相反性が示されている．

第7章
電流誘起磁気トルクと磁気誘起起電力

7.1 スピン移行トルク

　近年，磁気記憶素子の高度化と相まって，磁性体を含む微細なデバイス中における電気伝導と磁気の相関に関する学理が発展してきた．磁気記憶素子デバイスにおいては，メモリである強磁性体の磁化を制御するために，磁場を印加するよりも電流によって伝導電子のスピン角運動量を注入するほうが，デバイスが微細になればなるほどより効率的になることが期待された．そのような指針の下に，強磁性体の磁化をスピン偏極した電流（もしくはスピン流）で制御する方法が確立されてきた．

　実際に，**巨大磁気抵抗 (GMR) 素子**においては，電流によって磁化が反転する現象が観測されている．この GMR 素子は，図 7.1 のように二つの強磁性金属層に常磁性層が挟まれた構造をしている．ここでは，強磁性層の一つは厚く磁化は比較的変化しにくいのに対して，もう一つの強磁性金属層は十分薄く少しの摂動で磁化が変化し得る状態となっている．このような構造において電流がこの三層を貫くような伝導における微分抵抗 dV/dI の電流依存性においては，図 7.1（右）のようなヒステリシス構造が現れることが明らかとなった[76]．これは，電流によって薄い強磁性層の磁化が変化

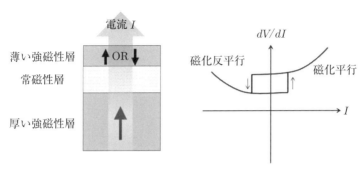

図 7.1　GMR 素子における微分抵抗 dV/dI.

して、電流の方向に応じて厚い強磁性層と平行もしくは反平行へと変化することを示している．

このような GMR 素子における電流による磁化制御は，スピン角運動量が厚い強磁性層から薄い強磁性層へと移動することによって起こるものである．これは，スピン角運動量が保存量のように層間を運ばれているとみなせる．電荷の場合は，厳密な意味で保存量であり，減少（増加）したものはどこかへ流れて行った（どこかから流れてきた）ものであるため，次のような連続の式を満たしている．

$$\frac{\partial \rho}{\partial t} + \nabla \cdot \boldsymbol{j} = 0 \tag{7.1}$$

類似の式はスピン角運動量に対しても成り立つであろうか？回転対称性に対する保存量は，ネーターの定理によればスピンそのものではないし，そもそも結晶中では完全な回転対称性はない．しかしながら，多くの場合には，短時間で短い距離スケールなら次のような近似的なスピンに対する連続の式が成り立つことが明らかになってきた．

$$\frac{\partial \boldsymbol{S}(\boldsymbol{r})}{\partial t} + \nabla \cdot \boldsymbol{j}_\mathrm{s} = 0 \tag{7.2}$$

ここで，$\boldsymbol{S}(\boldsymbol{r})$ はスピン密度であり，$\boldsymbol{j}_\mathrm{s}$ はスピン流の密度である．スピン流は文字通りスピンの流れを表す量であり，流れる方向に関する 3 成分とスピン方向に関する 3 成分で，$3 \times 3 = 9$ 成分を持つ量になっている．この式によれば，スピン流を吸収することで磁気トルクが生じることがわかる．これを念頭に，図 7.2 のような強磁性体と常磁性体の接合において，常磁性体から強磁性体にスピン流 $\boldsymbol{I}_\mathrm{s}$ が流れ込むことを考えよう．

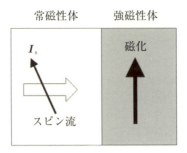

図 7.2　強磁性・常磁性接合デバイスにおけるスピン注入．

様々な理論計算の研究によって，常磁性層から I_s が強磁性層に流れ込む際に，磁化と垂直な成分のスピン流 $(I_s - (I_s \cdot m)m)$ は短い距離スケールで消失して磁気トルクとなることが明らかとなった．ここで，m は磁化の向きの単位ベクトルである．また，スピン流の流れの向きは固定されているので，ベクトル I_s は流れているスピンの方向を表していることに注意してほしい．スピン流注入によるスピン移行トルクは

$$\tau = \frac{\gamma \hbar}{2eM_s V}(I_s - (I_s \cdot m)m) = -\frac{\gamma \hbar}{2eM_s V} m \times (m \times I_s) \tag{7.3}$$

と表されることになる[77]．ここで，M_s は飽和磁化，V は体積である．

このようなスピン移行トルクは，デバイス構造のみならずスピンが平行にそろっていない非共線な磁気構造においても働く．第4章，第5章で述べたように金属磁性体は，局在磁気モーメントと伝導電子が交換相互作用で結合している描像で理解できる．図 7.3 のように，伝導電子は，スピンが局在磁気モーメントの方向に向かされながら伝搬する．局在磁気モーメントが非共線磁気構造を示している場合には，伝搬の際に伝導電子がベリー位相を感じてトポロジカルなホール効果が生じることを述べた．ここでは，伝導電子の伝搬による局在磁気モーメントへの影響について考えよう．このとき図 7.3 のように，伝導電子がスピン角運動量を運ぶことによって局在磁気モーメントは磁気トルクを受けるのである．局在磁気モーメントが作る磁気構造が空間的に緩やかに変化する場合には，このようなスピン移行トルクは

$$\tau = \frac{\gamma}{2eM_s} P(j \cdot \nabla) m(r) \tag{7.4}$$

のように表される[77]．ここで，j は電流密度，P は伝導バンドのスピン偏極率であり，$m(r)$ は位置 r における局在磁気モーメント方向の単位ベクトルを表している．電流方向の局在磁気モーメントの変化 $(j \cdot \nabla)m$ に応じて磁気トルクがかかることを

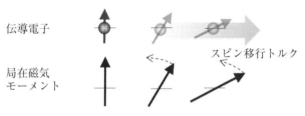

図 7.3 非共線磁気構造におけるスピン移行トルク．

表している．言い換えれば，電子が進む方向に関して上流側の磁気構造になろうとするようにトルクが働いていくことになる．このようなスピン移行トルクの効果の一つの例が，電流による磁壁の運動である．強磁性の磁化はゼロ磁場では，多くの場合に，磁化の方向が内部でそろった磁区を形成する．異なる磁区においては，磁化方向が異なっており，磁壁と呼ばれる境界部では磁気モーメントの方向が緩やかに変化している．例えば，図 7.4 は head-to-head 型と呼ばれる磁壁を表している[78]．左右の強磁性磁区においては中央に向くように磁化が向いている．中央が磁壁になっており，渦

図 7.4　head-to-head 型磁壁．上が概念図であり，下がマイクロマグネティックシミレーション結果(Yamaguchi ら[78])．

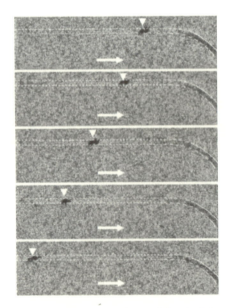

図 7.5　磁気力顕微鏡による電流による磁壁の移動の観察(Yamaguchi ら[78])．

7.1 スピン移行トルク

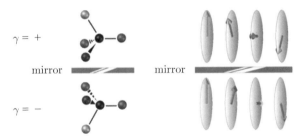

図 7.6 らせん磁性体におけるキラリティ自由度(Jiang ら[79]).キラリティを持つ有機分子と同様に,らせん磁性体でも鏡映によってキラリティ(らせんの巻き方)が入れ換わる.

を巻きながら磁化方向が変化している.このような磁壁が電流によって移動する様子を磁気力顕微鏡 (MFM) によって観察した結果を図 7.5 に示す[78].点線で囲まれた細長い領域は強磁性細線を表しており,逆三角で示した暗い領域には head-to-head 型の磁壁が存在する.矢印の方向に電流を流すとその逆方向に電子が流れるので,磁壁の運動も電流と逆方向に動いていく.

このようなスピン移行トルクを利用すると,金属らせん磁性におけるキラリティドメインをそろえることができる.ここでのキラリティは,らせん磁性体におけるらせんの巻く向きのことである(図 7.6).空間反転対称性の破れた結晶構造を持つ系では,ジャロシンスキー–守谷相互作用によってキラリティがそろうが,空間反転対称性がある結晶の場合には,キラリティの自由度がありドメインを形成する.絶縁体のらせん磁性体の場合には,前に述べたように,マルチフェロイクスとして動作するので電場によってキラリティドメインをそろえることが可能である.

一方,金属のらせん磁性体のキラリティドメインは,最近になるまでそろえる方法はわかっていなかった.2020 年に Jiang らによって,スピン移行トルクを利用するとキラリティドメインをそろえることが可能であることが報告された[79].これを理解するために,らせん磁性におけるスピン移行トルクとダンピングトルクの効果を考えてみよう(非断熱のスピン移行トルクの効果もあるが,簡単のためここでは無視する).この二つを改めて書き下すと

$$\tau = b(\boldsymbol{j} \cdot \nabla)\boldsymbol{m}(\boldsymbol{r}) + \alpha \boldsymbol{m} \times \frac{d\boldsymbol{m}}{dt} \tag{7.5}$$

第 1 項はスピン移行トルク,第 2 項はギルバートダンピング項によるトルクであり,

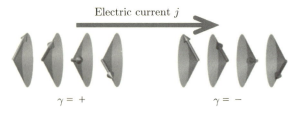

図 7.7 キラリティ γ に依存したらせん磁性体におけるスピン移行トルクとギルバートダンピング項の効果(Jiang ら[79]).

b, α はそれらの比例定数である．らせん磁性体のスピン移行トルクは，磁気モーメントの空間変化の方向にかかるので，らせん磁気構造を回転する方向にかかる．一方で，$\frac{d\bm{m}}{dt}$ が主にスピン移行トルクによってらせん磁気構造を回転する方向に働くものだとすると，ギルバートダンピング項はらせん磁気構造を起き上がらせる方向に働く．結果として，図 7.7 のように電流によってコーン状になったコニカル磁気構造が期待される．重要なことは，スピン移行トルクやダンピングトルクはキラリティ γ の符号に依存することであり，コニカル磁気構造の磁化の方向もキラリティに依存する．この状態に磁場を印加すると，キラリティの縮退が解ける．つまり，電流と磁場を印加すると，それらが平行か反平行かに依存してキラリティがそろうことが期待される．

Jiang らは，らせん磁性体の MnP において，高磁場 H_p をらせん磁気構造の伝搬ベクトル方向に印加し，キラルでない磁気構造（ファン構造）への転移させた後，電流 j_p を磁場と平行もしくは反平行へと印加して，磁場をゼロ磁場まで掃引するといった手法でキラリティを制御した．その後に，第二高調波抵抗率を測定した結果が図 7.8 であり，図中の $H_\mathrm{p}, j_\mathrm{p}$ はキラリティ制御で用いた磁場と電流を表している．磁場に対して反対称な磁場依存性を示している成分が非相反抵抗であり，キラリティの符号を反映しているが，これは明らかに H_p と j_p が同符号か異符号かに依存している．つまり，磁場と電流が平行か反平行かに応じてキラリティが確かに制御されていることを示している．

7.2 スピン起電力

スピン移行トルクは，スピン偏極電流から磁気トルクが発生するものであるが，逆に磁気構造の時間変化から起電力が生じることがある．これは 5.2 節におけるトポロ

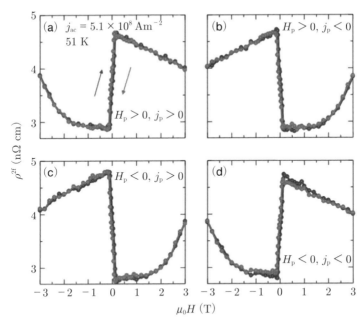

図 7.8 電流 j_p,磁場 H_p でキラリティを制御した後に測定した第二高調波抵抗率 $\rho^{2\mathrm{f}}$(Jiang ら[79]).反対称な磁場依存する成分が非相反伝導によるものであり,その符号はキラリティを反映している.

ジカル磁気構造の議論を拡張して理解することができる.

まず,金属磁性体において局在磁気モーメント $\boldsymbol{m}$ の方向が

$$\boldsymbol{m} = m_0(\sin\theta(\boldsymbol{r},t)\cos\phi(\boldsymbol{r},t), \sin\theta(\boldsymbol{r},t)\sin\phi(\boldsymbol{r},t), \cos\theta(\boldsymbol{r},t)) \tag{7.6}$$

のように方向が時空間で緩やかに変化しているとしよう.5.2 節では空間変化だけがあるとしたが,ここでは時間に対しても変化があるとする.

伝導電子のスピン方向は局在磁気モーメントの方向に向かされるので,スピン成分は

$$|\theta,\phi\rangle = \begin{vmatrix} \cos(\theta/2) \\ e^{i\phi}\sin(\theta/2) \end{vmatrix} \tag{7.7}$$

と表される.x および y に依存した磁気構造があるとするとき,実効ベクトルポテンシャルは

142　第7章　電流誘起磁気トルクと磁気誘起起電力

$$\boldsymbol{a} = \frac{\hbar}{e} \left(\sin^2(\theta/2)\frac{\partial \phi}{\partial x}, \sin^2(\theta/2)\frac{\partial \phi}{\partial y}, 0 \right) \tag{7.8}$$

となり，実効磁場 $\boldsymbol{b}$ の z 成分は，

$$b_z = (\nabla \times \boldsymbol{a})_z = \frac{\hbar}{2em_0^3} \boldsymbol{m} \cdot \left(\frac{\partial \boldsymbol{m}}{\partial x} \times \frac{\partial \boldsymbol{m}}{\partial y} \right) \tag{7.9}$$

であった.

　一方，磁気構造の時間変化によるベリー位相

$$\gamma = i \int \langle \theta, \phi | \frac{\partial}{\partial t} | \theta, \phi \rangle \cdot dt \tag{7.10}$$

を考えてみよう．このように波動関数に対して時間積分で与えられる位相が付加されていることは，スカラーポテンシャルが働いているとみなせる[41]．この実効的なスカラーポテンシャルは

$$\varphi = i\frac{\hbar}{e} \langle \theta, \phi | \frac{\partial}{\partial t} | \theta, \phi \rangle \tag{7.11}$$

と表される．このスカラーポテンシャルとベクトルポテンシャルより，**実効電場**が次のように求められる．

$$\boldsymbol{e} = -\nabla\varphi - \frac{\partial \boldsymbol{A}}{\partial t} \tag{7.12}$$

x 成分を具体的に求めてみると

$$e_x = -i\frac{\hbar}{e} \left(\frac{\partial}{\partial x} \langle \theta, \phi | \frac{\partial}{\partial t} | \theta, \phi \rangle - \frac{\partial}{\partial t} \langle \theta, \phi | \frac{\partial}{\partial x} | \theta, \phi \rangle \right)$$
$$= -\frac{\hbar}{2e} \sin\theta \left(\frac{\partial \theta}{\partial t}\frac{\partial \phi}{\partial x} - \frac{\partial \theta}{\partial x}\frac{\partial \phi}{\partial t} \right) = -\frac{\hbar}{2em_0^3} \boldsymbol{m} \cdot \left(\frac{\partial \boldsymbol{m}}{\partial t} \times \frac{\partial \boldsymbol{m}}{\partial x} \right) \tag{7.13}$$

この表式は，実効磁場と非常に似ており x と y を t と x に置き換えた形をしている．つまり，xy 平面でどのくらい磁気モーメントの立体角を変化するかが z 方向の実効磁場を作るならば，xt 平面でどのくらい立体角が変化するかが x 方向の実効電場を生じるわけである．このような実効電場のことを，**スピン起電力**や**創発電場**と呼ぶ[80]．

　スピン起電力の例として，スキルミオン格子のスライディングによるトポロジカルホール効果の減少がある．5.1 節で述べたように，MnSi などにおけるスキルミオン格子相においては，実空間のトポロジカルな実効磁場 $\boldsymbol{b}$ によるホール効果が観測されて

7.2 スピン起電力 143

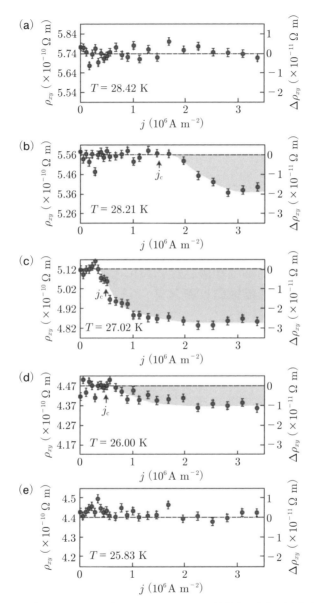

図 7.9 MnSi の各温度における磁場 250 mT のホール抵抗率の印加電流依存性（Schulz ら[81]）.

144　第 7 章　電流誘起磁気トルクと磁気誘起起電力

いる．電流密度を増やしていくと，ある閾電流を境にスキルミオン格子が並進運動が駆動されるスライディング現象を起こす．スライディング運動の速度が v_d であるとき，スピン起電力は $e = -v_d \times b$ と表され，結果として速度 v の電子が感じるベリー位相による実効的なローレンツ力は

$$F = -e(e + v \times b) = -e(v - v_d) \times b \qquad (7.14)$$

となる．すなわち，実効的なローレンツ力がスライディングによって減少することが期待される．図 7.9 に，MnSi の各温度における磁場 250 mT のホール抵抗率の印加電流依存性を示す[81]．図 (b)，(c)，(d) はスキルミオン格子状態のデータであり，閾電流以上でホール抵抗率の減少が観測されている．この減少はまさにスピン起電力の効果である．

7.3　空間反転対称性が破れた物質におけるスピン角運動量ロッキング

　6.5 節でも非相反応答に関連して述べたが，バンド構造のスピン分裂と対称性には密接な関係がある．バンド電子のエネルギーが波数 k とスピン s に依存しているとき，空間反転対称性が破れるとスピン s に関する準位の分裂が起こる．時間反転対称性が保たれていれば，$E(k, s) = E(-k, -s)$ であるので，k で安定なスピン状態と $-k$ で安定なスピン状態は逆方向となることが期待される．ただし，分裂したスピンの量子化軸方向は，空間反転以外の対称性がどのようになっているかによって決定される．例えば，有限の電気分極が許されるような極性を持つ状態においては，分極に垂直な面での鏡映対称性は破れるが，分極を含む面での鏡映や分極ベクトル周りの回転は許される．同様な対称性は，表面や界面においても期待される（表面方向の垂直方向が電気分極方向に対応する）．このような場合で，対称性が十分に高ければ，ホール効果に関連して述べた図 5.9(左) のようなラシュバ型と呼ばれるスピン分裂が期待される[44]．このとき，フェルミ面は，図 7.10(a) のように二つに分裂する．スピン方向は，波数 k に垂直でフェルミ面に沿って回転するように向いており，二つのフェルミ面で回転方向は互いに逆になっている．これらは，分極ベクトルの向きを変化させない分極ベクトル周りの回転や，分極ベクトルを含む面での鏡映に対しては不変になっている．このような波数に依存したスピン分裂をスピン角運動量ロッキングと呼ぶ．この

7.3 空間反転対称性が破れた物質におけるスピン角運動量ロッキング 145

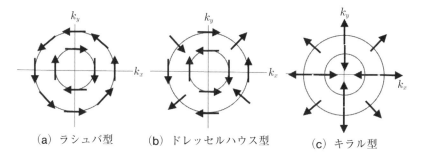

(a) ラシュバ型　(b) ドレッセルハウス型　(c) キラル型

図 7.10　空間反転対称性が破れた系における様々なスピン角運動量ロッキング (a) ラシュバ型, (b) ドレッセルハウス型, (c) キラル型.

起源は，スピン軌道相互作用によるものであるが，ラシュバ型の場合にはそのことがわかりやすい．ディラック方程式から導かれるスピン軌道相互作用は，もともとは

$$H_{\mathrm{so}} = \xi \bm{s} \cdot (\nabla V(\bm{r}) \times \bm{p}) \tag{7.15}$$

と表される．ここで，$\bm{s}, \bm{p}$ は電子のスピンと運動量，$V(\bm{r})$ はスカラーポテンシャルである．$V(\bm{r})$ が球対称の場合には，$\nabla V(r) = \frac{\bm{r}}{r}\frac{dV}{dr}$ であるので

$$H_{\mathrm{so}} = \frac{\xi}{r}\frac{dV}{dr}\bm{s} \cdot (\bm{r} \times \bm{p}) = \frac{\xi}{r}\frac{dV}{dr}\bm{s} \cdot \bm{L} \tag{7.16}$$

となり，式 (2.19) と一致したスピンと軌道角運動量の結合の形が導かれる．一方，仮に空間的に一様なポテンシャル勾配 $\langle \nabla V(r) \rangle$ があるとすると

$$H_{\mathrm{so}} = \xi \langle \nabla V(\bm{r}) \rangle \cdot (\bm{p} \times \bm{s}) \tag{7.17}$$

となり，ラシュバ型のスピン構造が導かれる．このような議論は，電子バンドにおけるラシュバ型のスピン分裂を定量的に扱うためには十分とは言えないが，極性を持つような場合におけるラシュバ効果を定性的にとらえるためにはわかりやすい．

極性を持たないような場合のスピン角運動量ロッキングをスピン軌道相互作用から微視的に導くことは簡単ではないが，対称性を考慮するとそのスピン分裂の形は推測できる．例えば，GaAs のナノ構造では，ラシュバ型とは異なる図 7.10(b) のようなスピン角運動量ロッキングが観測される．これを**ドレッセルハウス型スピン分裂**と呼ぶ．これは，GaAs の結晶構造を反映して，面に垂直軸周りの $\bar{4}$(90 度回反) に対して

不変である特徴を持つ．一方で，キラルな対称性を持つ物質では，対称性が高ければ，図 7.10(c) のようなスピン角運動量ロッキングが期待される．ここでは，回転対称性は許されるが，すべての鏡映対称性が破れているものになっている．

7.4　エデルシュタイン効果とスピン軌道トルク

第 4 章で述べたように，金属に電流を流すと波数空間において電流方向に電子分布が移動する．スピン角運動量ロッキングした状態においては，図 7.11 のように電流によって伝導電子の非平衡なスピン分極（**スピン蓄積**と呼ばれる）を生じる．これを**エデルシュタイン効果**と言う[83]．空間反転対称性が破れた結晶を持つ磁性体においては，電流によるスピン蓄積のために磁気モーメントにトルクが生じる[84]．伝導電子のスピン s と局在モーメント S の間には $-Js \cdot S$ のような交換相互作用が働いているので，スピン蓄積 m があるときには，その分だけ磁気モーメントに実効的な磁場が働くとみなすことができる．したがって

$$\tau_{\mathrm{FL}} S \times m \tag{7.18}$$

と表されるような磁気トルクが働く．これを**磁場的 (field-like) なスピン軌道トルク**と呼ぶ．さらに，より高次の項として

$$\tau_{\mathrm{DL}} S \times (S \times m) \tag{7.19}$$

と表される，**ダンピング型スピン軌道トルク**と呼ばれる寄与も存在する．

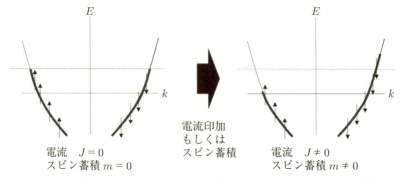

図 7.11　スピン運動量ロッキングした状態におけるエデルシュタイン効果．

7.4 エデルシュタイン効果とスピン軌道トルク 147

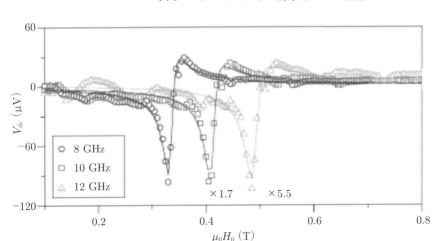

図 7.12 微細回路上の (Ga, Mn)As にマイクロ波交流電流が印加された際に観測される直流電圧(Fang ら[85]).

空間反転対称性が破れた磁性体においては,これらの磁気トルクに由来した電流・磁気相関が現れる.例えば,空間反転対称性が破れた磁性半導体 (Ga, Mn)As においては,マイクロ波周波数の交流電流によって磁気共鳴が起こることが報告されている[85].図 7.12 に,微細回路上の (Ga, Mn)As にマイクロ波交流電流が印加された際に観測される直流電圧の磁場依存性を示す.鋭いピーク状の磁場依存性が観測されており,ピーク位置は交流電流の周波数を変えるとシフトしていく.これは,周波数 ω のマイクロ波交流電流をサンプルに印加したときに,スピン軌道トルクによって磁気共鳴が起こり,磁気モーメントの方向に依存する抵抗も ω で振動したことにより,電流と抵抗の二つの ω の振動成分が掛け合わさったことで直流成分の電圧が生じたものであると理解されている.

関連図書

[1] 砂川重信，「理論電磁気学」，紀伊國屋書店 (1999).

[2] 中山正敏，「岩波基礎物理シリーズ 物質の電磁気学」，岩波書店 (2021).

[3] 今野豊彦，「物質の対称性と群論」，共立出版 (2001).

[4] 犬井鉄郎，田辺行人，小野寺嘉孝，「応用群論：群表現と物理学」，裳華房 (1980).

[5] H. Murakawa, Y. Onose, S. Miyahara, N. Furukawa, and Y. Tokura, Phys. Rev. B **85**, 174106 (2012).

[6] T. Nakajima, Y. Tokunaga, V. Kocsis, Y. Taguchi, Y. Tokura, and T. Arima, Phys. Rev. Lett. **114**, 067201 (2015).

[7] 芳田奎，「磁性」，岩波書店 (2015).

[8] 白鳥紀一，近桂一郎，「磁性学入門」，裳華房 (2012).

[9] 安達健五，「化合物磁性–局在スピン系」，裳華房 (1996).

[10] 例えば，シッフ，「量子力学，（上）（下）」，吉岡書店 (1970, 1972).

[11] 大野公一，「量子物理化学」，東京大学出版会 (1989).

[12] 川村尚，藤本博，「量子有機化学」，丸善 (1983).

[13] 金森順次郎，「新物理学シリーズ 7 磁性」，培風館 (1969).

[14] E. Hall, Philos. Mag. **12**, 157 (1881).

[15] I. E. Dzyaloshinskii, Sov. Phys. JETP **10**, 628 (1959).

[16] M. Uchida, Y. Onose, Y. Matsui, and Y. Tokura, Science **311**, 359 (2001).

[17] Robert R. Birss, Symmetry and Magnetism, North Holland publishing Company (1964).

[18] V. J. Folen, G. T. Rado, and E. W. Stalder, Phys. Rev. Lett. **6**, 607 (1961).

[19] T. Kimura, T. Goto, H. Shintani, K. Ishizaka, T. Arima, and Y. Tokura, Nature **426**, 55 (2003).

[20] M. Kenzelmann, A.B. Harris, S. Jonas, C. Broholm, J. Schefer, S. B. Kim, C. L. Zhang, S.-W. Cheong, O. P. Vajk, and J. W. Lynn, Phys. Rev. Lett. **95**, 087206 (2005).

[21] T. Arima, A. Tokunaga, T. Goto, H. Kimura, Y. Noda, and Y. Tokura, Phys. Rev. Lett. **96**, 097202 (2006).

150 関連図書

[22] H. Katsura, N. Nagaosa, and A. V. Balatsky, Phys. Rev. Lett. **95**, 057205 (2005).

[23] I. A. Sergienko and E. Dagotto, Phys. Rev. B **73**, 094434 (2006).

[24] Y. Tokunaga, S. Iguchi, T. Arima, and Y. Tokura, Phys. Rev. Lett. **101**, 097205 (2008).

[25] T. Arima, J. Phys. Soc. Jpn. **76**, 073702 (2007).

[26] H. Murakawa, Y. Onose, S. Miyahara, N. Furukawa, and Y. Tokura, Phys. Rev. Lett. **105**, 137202 (2010).

[27] J. M. Ziman, 「固体物性論の基礎」, 丸善 (1976).

[28] アシュクロフト, マーミン, 「固体物理の基礎」, 吉岡書店 (2008).

[29] チャールズ キッテル, 「固体物理学入門」, 丸善出版 (2005).

[30] 安達健五, 「化合物磁性‐遍歴磁性」, 裳華房 (1996).

[31] M. Uchida *et al.*, Phys. Rev. B **83**, 165127 (2011).

[32] Y. Tokura, A. Urushibara, Y. Moritomo, T. Arima, A. Asamitsu, G. Kido, and N. Furukawa, J. Phys. Soc. Jpn. **63**, 3931 (1994).

[33] N. Kanazawa *et al.*, Phys. Rev. B **86**, 134425 (2012).

[34] M. Kataoka, J. Phys. Soc. Jpn. **56**, 3635 (1987).

[35] A. N. Bogdanov and U. K. Rößler, Phys. Rev. Lett. **87**, 037203 (2001).

[36] S. Mühlbauer *et al.*, Science **323**, 915 (2009).

[37] Y. Ishikawa and M. Arai, J. Phys. Soc. Jpn. **53**, 2726 (1984).

[38] X. Z. Yu *et al.*, Nature **465**, 901 (2010).

[39] M.V. Berry, Proc. R. Soc. Lond. A. **392**, 45 (1984).

[40] 矢吹治一, 「量子論における位相」, 日本評論社 (1998).

[41] 多々良源, 「スピントロニクスの物理 場の理論の立場から」, 内田老鶴圃 (2019).

[42] Minhyea Lee, W. Kang, Y. Onose, Y. Tokura, and N. P. Ong, Phys. Rev. Lett. **102**, 186601 (2009).

[43] D. Culcer, A. MacDonald, and Q. Niu, Phys. Rev. B **68**, 045327 (2003).

[44] E. I. Rashba and V. Sheka, Fiz. Tverd. Tela: Collected Papers **2**, 16 (1959).

[45] 野村健太郎, 「トポロジカル絶縁体・超伝導体」, 丸善出版 (2016).

[46] R. Karplus and J. M. Luttinger, Phys. Rev. **95**, 1154 (1954).

[47] D. J. Thouless, M. Kohmoto, M. P. Nightingale, and M. den Nijs, Phys. Rev. Lett. **49**, 405 (1982).

[48] N. Nagaosa, J. Sinova, S. Onoda, A. H. MacDonald, and N. P. Ong, Rev.

関連図書　151

Mod. Phys. **82**, 1539 (2010).

[49]　M. Onoda and N. Nagaosa, J. Phys. Soc. Jpn. **71**, 19 (2002).

[50]　Y. Onose, Y. Shiomi, and Y. Tokura, Phys. Rev. Lett. **100**, 016601 (2008).

[51]　Ming-Che Chang and Qian Niu, Phys. Rev. B **53**, 7010 (1996).

[52]　N. Kanazawa, Y. Onose, T. Arima, D. Okuyama, K. Ohoyama, S. Wakimoto, K. Kakurai, S. Ishiwata, and Y. Tokura, Phys. Rev. Lett. **106**, 156603 (2011).

[53]　Jairo Sinova, Sergio O. Valenzuela, J. Wunderlich, C.H. Back, and T. Jungwirth, Rev. Mod. Phys. **87**, 1213 (2015).

[54]　J. E. Hirsch Phys. Rev. Lett. **83**, 1834 (1999).

[55]　S. Murakami, N. Nagaosa, and S.C. Zhang, Science **301**, 1348 (2003).

[56]　Y. K. Kato, R. C. Myers, A. C. Gossard, and D. D. Awschalom, Science **306**, 1910 (2004).

[57]　E. Saitoh, M. Ueda, H. Miyajima, and G. Tatara, Appl. Phys. Lett. **88**, 182509 (2006).

[58]　Rui Yu, Wei Zhang, Hai-Jun Zhang, Shou-Cheng Zhang, Xi Dai, and Zhong Fang, Science **329**, 61 (2010).

[59]　Cui-Zu Chang, Jinsong Zhang, Xiao Feng, Jie Shen, Zuocheng Zhang, Minghua Guo, Kang Li, Yunbo Ou, Pang Wei, Li-Li Wang, Zhong-Qing Ji, Yang Feng, Shuaihua Ji, Xi Chen, Jinfeng Jia, Xi Dai, Zhong Fang, Shou-Cheng Zhang, Ke He, Yayu Wang, Li Lu, Xu-Cun Ma, and Qi-Kun Xue, Science **340**, 167 (2013).

[60]　Y. Ando, J. Phys. Soc. Jpn. **82**, 102001 (2013).

[61]　Masaru Onoda, Shuichi Murakami, and Naoto Nagaosa, Phys. Rev. Lett. **93**, 083901 (2004).

[62]　O. Hosten and P. Kwiat, Science **319**, 787 (2008).

[63]　T. Ideue, Y. Onose, H. Katsura, Y. Shiomi, S. Ishiwata, N. Nagaosa, and Y. Tokura, Phys. Rev. B **85**, 134411 (2012).

[64]　Y. Onose, T. Ideue, H. Katsura, Y. Shiomi, N. Nagaosa, and Y. Tokura, Science **329**, 297 (2010).

[65]　R. Matsumoto and S. Murakami, Phys. Rev. Lett. **106**, 197202 (2011).

[66]　Y. Iguchi, S. Uemura, K. Ueno, and Y. Onose, Phys. Rev. B **92**, 184419 (2015).

[67]　井口雄介，小野瀬佳文，固体物理 **51**, 7 (通巻 605 号) (2016).

152 関連図書

[68] Y. Iguchi, Y. Nii, M. Kawano, H. Murakawa, N. Hanasaki, and Y. Onose, Phys. Rev. B **98**, 064416 (2018).

[69] 例えば，西川恭治，森弘之，「朝倉物理学体系 統計物理学」，朝倉書店 (2000).

[70] R. Sasaki, Y. Nii, Y. Iguchi, and Y. Onose, Phys. Rev. B **95**, 020407(R) (2017).

[71] L. Onsager, Phys. Rev. **37**, 405 (1931).

[72] Y. Tokura and N. Nagaosa, Nat. Commun. **9**, 3740 (2018).

[73] G. L. J. A. Rikken, J. Fölling, and P. Wyder, Phys. Rev. Lett. **87**, 236602 (2001).

[74] T. Yokouchi, N. Kanazawa, A. Kikkawa, D. Morikawa, K. Shibata, T. Arima, Y. Taguchi, F. Kagawa, and Y. Tokura, Nat. Commun. **8**, 866 (2017).

[75] Y. Hirokane, Y. Nii, H. Masuda, and Y. Onose, Science advances **6**, eabd3703 (2020).

[76] J. A. Katine , F. J. Albert, R. A. Buhrman, E. B. Myers, and D. C. Ralph, Phys. Rev. Lett. **84**, 3149 (2000).

[77] A. Brataas, A. D. Kent, and H. Ohno, Nature Materials **11**, 372 (2012).

[78] A. Yamaguchi, T. Ono, S. Nasu, K. Miyake, K. Mibu, and T. Shinjo, Phys. Rev. Lett. **92**, 077205 (2004).

[79] N. Jiang, Y. Nii, H. Arisawa, E. Saitoh, and Y. Onose, Nat. Commun. **11**, 1601 (2020).

[80] S. E. Barnes and S. Maekawa, Phys. Rev. Lett. **98**, 246601 (2007).

[81] T. Schulz, R. Ritz, A. Bauer, M. Halder, M. Wagner, C. Franz, C. Pfleiderer, K. Everschor, M. Garst, and A. Rosch, Nat. Phys. **8**, 301 (2012).

[82] G. Dresselhaus, Phys. Rev. **100**, 580 (1955).

[83] V. M. Edelstein, Solid State Commun. **73**, 233 (1990).

[84] A. Manchon *et al.*, Rev. Mod. Phys. **91**, 035004 (2019).

[85] D. Fang *et al.*, Nature Nanotechnology **6**, 413 (2011).

索　引

あ
RKKY 相互作用 · · · · · · · · · · · · · · 70
圧電効果 · · · · · · · · · · · · · · · · · · · 13
圧電性 · 13
アハラノフボーム(AB)効果 · · · · · · 83

い
異常速度 · · · · · · · · · · · · · · · · · · · 87
異常ホール効果 · · · · · · · · · · · · 91, 94

う
運動交換相互作用 · · · · · · · · · · · · · 28

え
映進 · 8
エデルシュタイン効果 · · · · · · · · · · 146

か
回映 · 8
回反 · 8
角運動量の消失 · · · · · · · · · · · · · · · 25

き
軌道角運動量 · · · · · · · · · · · · · · 1, 20
逆ジャロシンスキー–守谷相互作用
· 42
球面調和関数 · · · · · · · · · · · · · · · · 21
鏡映 · 8
極性テンソル · · · · · · · · · · · · · · · · 11
巨大磁気抵抗 (GMR) 素子 · · · · · · · 135
キラリティ · · · · · · · · · · · · · · · · · · 77
キラル · · · · · · · · · · · · · · · · · · 33, 35
ギルバートダンピング項 · · · · · · · · 102

く
空間群 · 8
空間反転対称性 · · · · · · · · · · · · · · · 13
久保公式 · · · · · · · · · · · · · · · · · · · 126

け
結晶場 · 23

こ
交換歪 · 45
国際表記 · 9
コニカル磁気構造 · · · · · · · · · · · · · 78

さ
サイドジャンプ · · · · · · · · · · · · · · · 92

し
磁化電流 · 5
時間反転操作 · · · · · · · · · · · · · · · · 37
磁気点群 · · · · · · · · · · · · · · · · · 37, 41
磁気誘起強誘電性(マルチフェロイクス)
· · · · · · · · · · · · · · · · 2, 42, 123
軸性テンソル · · · · · · · · · · · · · · · · 11
軸性ベクトル · · · · · · · · · · · · · · · · 10
磁場的なスピン軌道トルク · · · · · · 146
ジャロシンスキー–守谷(DM)相互作用
· · · · · · · · · · 29, 31, 43, 101, 112
　逆―― · · · · · · · · · · · · · · · · · · 42
ジャロシンスキー–守谷ベクトル
· · · · · · · · · · · · · · · · · · · 30, 31
周期律表 · · · · · · · · · · · · · · · · · · · 20
シュレディンガー方程式 · · · · · · · · · 17
掌性(キラリティ) · · · · · · · · · · · · · 77

153

154 索 引

す

スキッピング軌道 · · · · · · · · · · · · · · · 99
スキュー散乱 · · · · · · · · · · · · · · · · · · 92
スキルミオン格子 · · · · · · · · · 77, 79, 85
ストーナー条件 · · · · · · · · · · · · · · · · · 69
ストーナーモデル · · · · · · · · · · · · · · · · 68
スピン移行トルク · · · · · · · · · · · · · · · 137
スピン依存軌道混成機構 · · · · · · · · · 123
スピン依存混成機構 · · · · · · · · · · · · · 47
スピン角運動量 · · · · · · · · · · · · · · · · · 1
スピン角運動量ロッキング · · · 144, 145
スピン起電力 · · · · · · · · · · · · · 140, 142
スピン軌道相互作用 · · · · · · · · · · · · · 23
　　ラシュバ型—— · · · · · · · · · · · · · 86
スピン軌道トルク · · · · · · · · · · 146, 147
　　磁場的な—— · · · · · · · · · · · · · · · 146
　　ダンピング型—— · · · · · · · · · · · 146
スピン蓄積 · · · · · · · · · · · · · · · · · · · 146
スピン波 · 102
スピンホール効果 · · · · · · · · · · · 96, 97
スピン流 · · · · · · · · · · · · · · · · · 97, 136

せ

ゼーベック効果 · · · · · · · · · · · · · · · · · 65

た

断熱定理 · 81
ダンピング型スピン軌道トルク · · · 146

つ

強く束縛された電子の近似 · · · · · · · · 54

て

TKNN 公式 · · · · · · · · · · · · · · · · · · 89
電荷の連続の式 · · · · · · · · · · · · · · · · · 3
電気磁気効果 · · · · · · · · · · · · · · · · · · 40
電気伝導度 · · · · · · · · · · · · · · · · · · · 61

点群 · 7, 8
　　磁気—— · · · · · · · · · · · · · · · · 37, 41

と

トポロジー · · · · · · · · · · · · · · · · · · · 2, 7
トポロジカル絶縁体 · · · · · · · · · · · 96, 99
ドレッセルハウス型スピン分裂 · · · 145

に

二重交換相互作用 · · · · · · · · · · · · 74, 75

ね

熱電効果 · 65
熱伝導度 · 64

の

ノイマンの原理 · · · · · · · · · · · · · · 11, 38

は

端状態 · 98, 99
半古典運動方程式 · · · · · · · · · · · · · · · 58
反転 · 8

ひ

ビーデマン-フランツ則 · · · · · · · · · · · 64
非相反性 · · · · · · · · · · · · · · · · · 101, 112
非相反電気伝導 · · · · · · · · · · · · · · · 131
非相反伝搬 · · · · · · · · · · · · · · · 107, 112
非相反熱伝導 · · · · · · · · · · · · · · · · · 131

ふ

フィリング制御モット転移系 · · · · · 67
物性テンソル · · · · · · · · · · · · · · · 10, 38
ブロッホの定理 · · · · · · · · · · · · · · · · 53
ブロッホ波 · · · · · · · · · · · · · 53, 54, 58
分極電荷 · 4
フントの規則 · · · · · · · · · · · · · · · · · · 21

索　引　155

へ

ベリー位相 · · · · · · · · · · · · · · · · 81, 82
ベリー曲率 · · · · · · · · · · · · · · · · 89, 93
ベリー接続 · · · · · · · · · · · · · · · · · · 89
ペルチェ係数 · · · · · · · · · · · · · · · · · 66
ペルチェ効果 · · · · · · · · · · · · · · · · · 65

ほ

ホール効果 · · · · · · 91, 94, 96, 97, 107
　　異常—— · · · · · · · · · · · · · · · · 91, 94
　　スピン—— · · · · · · · · · · · · · · 96, 97
　　マグノン—— · · · · · · · · · · · · · · 107
　　量子異常—— · · · · · · · · · · · · · 96, 98
ポテンシャル交換相互作用 · · · · · 26, 28
ホルスタイン-プリマコフの方法 · · 104
ホルスタイン-プリマコフ変換 · · · · 105
ボルツマン輸送方程式 · · · · · · · · · · · 59

ま

マクスウェルの方程式 · · · · · · · · · · · · 3
マグノン · · · · · · · · 101, 102, 107, 114
マグノンホール効果 · · · · · · · · · · · · 107

マルチフェロイクス · · · · · · 2, 42, 123

も

モットの式 · · · · · · · · · · · · · · · · · · 66

ら

ラシュバ型スピン軌道相互作用 · · · · 86
らせん磁性 · · · · · · · · · · · · · · · · · 2, 33

り

量子異常ホール効果 · · · · · · · · · · · 96, 98
量子異常ホール状態 · · · · · · · · · · · 97, 98

ろ

ローレンツ数 · · · · · · · · · · · · · · · 64, 94
ローレンツ電子顕微鏡 · · · · · · · · · · · 35
ローレンツ力 · · · · · · · · · · · · · · · · · · 3

わ

ワニエ関数 · · · · · · · · · · · · · · · · · · 55
ワニエ軌道 · · · · · · · · · · · · · · · · · · 27

MSET : Materials Science & Engineering Textbook Series

監修者

藤原 毅夫　　　　藤森 淳　　　　勝藤 拓郎
東京大学名誉教授　　東京大学名誉教授　　早稲田大学教授

著者略歴

小野瀬 佳文（おのせ よしのり）
2002 年　東京大学大学院工学系研究科物理工学専攻博士課程修了
2006 年　東京大学大学院工学系研究科物理工学専攻 講師
2012 年　東京大学大学院総合文化研究科広域科学専攻相関基礎科学系 准教授
2018 年　東北大学金属材料研究所 教授

博士（工学）

2024 年 10 月 31 日　第 1 版発行

検 印 省 略

物質・材料テキストシリーズ

磁性体の電気磁気相関
対称性とトポロジーの効果を中心に

著　者　小 野 瀬 佳 文

発 行 者　内 田　　　学

印 刷 者　山 岡 影 光

発行所　株式会社　内田老鶴圃　〒112-0012 東京都文京区大塚3丁目34番3号
電話（03）3945-6781（代）・FAX（03）3945-6782
http://www.rokakuho.co.jp/　　　　　印刷・製本/三美印刷 K.K.

Published by UCHIDA ROKAKUHO PUBLISHING CO., LTD.
3-34-3 Otsuka, Bunkyo-ku, Tokyo, Japan

U. R. No. 683-1

ISBN 978-4-7536-2324-2 C3042　　　©2024 小野瀬佳文

スピントロニクスの物理　場の理論の立場から

多々良源 著　A5・244頁・定価4620円（本体4200円＋税10%）　ISBN978-4-7536-2314-3

物質の基本事項／磁性の記述／スピントロニクス現象入門／スピンに作用する有効電磁場／平衡状態の場の理論と経路積分／時間変化する場の理論／スピントロニクスの場の理論

基礎から学ぶ物性物理　バンド理論からトポロジーまで

勝藤拓郎 著　A5・304頁・定価4180円（本体3800円＋税10%）　ISBN978-4-7536-2322-8

1電子の物理と量子力学／シュレディンガー方程式の一般論／周期的ポテンシャル中の電子とバンド構造／局在した軌道からつくるバンド構造／有限温度での振る舞い／半古典モデルと電気伝導度／結晶構造と逆格子／格子振動／スピンと磁性／物性とトポロジー／問題解答／補遺

基礎から学ぶ強相関電子系

量子力学から固体物理，場の量子論まで

勝藤拓郎 著

A5・264頁・定価4400円（本体4000円＋税10%）
ISBN978-4-7536-2310-5

強相関物質の基礎

原子，分子から固体へ

藤森 淳 著

A5・268頁・定価4180円（本体3800円＋税10%）
ISBN978-4-7536-5624-0

グラフェンの物理学

ディラック電子とトポロジカル物性の基礎

越野幹人 著

A5・248頁・定価4840円（本体4400円＋税10%）
ISBN978-4-7536-2321-1

高温超伝導体の電荷応答

強い電子相互作用がもたらすエキゾチックな物性

田島節子 著

A5・228頁・定価4620円（本体4200円＋税10%）
ISBN978-4-7536-2323-5

超　伝　導

直観的に理解する基礎から物質まで

小池洋二 著

A5・380頁・定価5500円（本体5000円＋税10%）
ISBN978-4-7536-2319-8

磁性物理の基礎概念

強相関電子系の磁性

上田和夫 著

A5・220頁・定価4400円（本体4000円＋税10%）
ISBN978-4-7536-2316-7

磁性入門

スピンから磁石まで

志賀正幸 著

A5・236頁・定価4180円（本体3800円＋税10%）
ISBN978-4-7536-5630-1

遍歴磁性とスピンゆらぎ

高橋慶紀・吉村一良 共著

A5・272頁・定価6270円（本体5700円＋税10%）
ISBN978-4-7536-2081-4

固体の磁性

はじめて学ぶ磁性物理

中村裕之 訳／Stephen Blundell 著

A5・336頁・定価5060円（本体4600円＋税10%）
ISBN978-4-7536-2091-3

スピントロニクス入門

物理現象からデバイスまで

猪俣浩一郎 著

A5・216頁・定価4180円（本体3800円＋税10%）
ISBN978-4-7536-5645-5

http://www.rokakuho.co.jp/